Michaela Schwestka

Das letzte Stück des Weges

Den Abschied vom Hund bewusst gestalten

Kynos Verlag

Konrad-Zuse-Straße 3 • D-54552 Nerdlen/Daun
Telefon: +49 (0) 6592 957389-0
www.kynos-verlag.de

Gedruckt in Lettland

ISBN 978-3-95464-285-4

Bildnachweis:
Alle Fotos inkl. Titelbild von Daniel Kernchen, außer:
Adobe Stock: S. 34/35: vulcanus-adobe.stock.com; S. 59: Pb-adobe.stock.com; S. 155: mojolo-adobe.stock.com; S. 156/157: upixa-adobe.stock.com; S. 172: Gajus-adobe.stock.com; S. 176: annaav-adobe.stock.com
S. 32, 186: Michaela Schwestka
S. 139: Romy Fischer und Tanja Brauner
S. 141: Thomas Hahn/Tierfriedhof Nürnberg
S. 145: Rosengarten Tierbestattungen Pressematerial
S. 152: Sandra Baumgartl (links), Melissa Linsel (rechts)
S. 153: privat (oben), Viktoria Reiß (unten)

KYNOS STIFTUNG

Mit dem Kauf dieses Buches unterstützen Sie die
Kynos Stiftung Hunde helfen Menschen
www.kynos-stiftung.de

Inhaltsverzeichnis

Allen Tieren, denen im
Leben und im Sterben
eine würde- und liebevolle
Zuwendung versagt geblieben ist.

Allen Menschen, die den Preis
der Trauer zahlen –
für den Mut zu lieben.

Wie Sie dieses Buch für sich nutzen können

Dieses Buch möchte viel mehr ein Begleiter als ein Ratgeber sein. Es enthält neben dem Fließtext, der Ihnen hauptsächlich Informationen liefern soll, deshalb zahlreiche Anregungen zur Selbstreflexion anhand von Impulsfragen oder kleinen Übungen. Darüber hinaus finden Sie Checklisten, die es Ihnen erleichtern sollen, sich für den Notfall zu wappnen und dann nichts Wesentliches zu vergessen.

Im Buch gibt es bewusst keinen Leerraum, in den Sie Ihre Antworten eintragen können, denn dieser ist erfahrungsgemäß immer zu klein – oder so groß, dass man sich gegebenenfalls unter Druck setzt, diesen füllen zu müssen. Ob Sie Ihre Antworten überhaupt schriftlich festhalten möchten, ob Sie in Ihrer Familie diskutieren wollen und es mehrere Antworten gibt, ob jeder für sich zu verschiedenen Zeitpunkten vielleicht unterschiedliche Antworten findet – alles ist möglich und soll auch nicht in ein vorgegebenes Schema gepresst werden. Werden Sie – wenn Sie möchten – kreativ und erfinderisch. Legen Sie sich ein Heft oder Buch an, malen Sie Bilder, gestalten Sie etwas – oder nehmen Sie die Fragen und Anregungen schlicht als Impulse.

Suchen Sie sich für die Selbstreflexionsübungen am besten einen ruhigen Ort, an dem Sie eine Weile ungestört sein können. Bevor Sie sich den Fragen widmen, versuchen Sie ein wenig zur Ruhe zu kommen, abzuschalten und Raum für Ihre ganz persönlichen Antworten in sich zu schaffen. Manchmal kann es hilfreich sein, dass Sie sich in einer zweiten Runde ganz bewusst fragen, ob die gefundenen Antworten wirklich Ihr tiefstes persönliches Empfinden wiedergeben – oder ob Sie sich vielleicht an der einen oder anderen Stelle von Erwartungen, die von außen an Sie gestellt werden, haben leiten lassen. Wann immer in Ihren Antworten „man" statt „ich" oder „sollen", „müssen" oder „nicht dürfen" vorkommt, kann sich ein zweiter Blick lohnen.

Ach ja: als Hundebesitzer (oder auch als Vater oder Mutter) sind Sie vermutlich sehr vertraut mit dem Gefühl „wie man es macht, macht man es falsch". Zumindest wird es immer einen „Experten" geben, der das so sieht und es Ihnen – gerne auch unaufgefordert – mitteilt. Wahrscheinlich hat sich schon das eine oder andere Mal ein moralisch erhobener Zeigefinger auf Sie gerichtet, vielleicht haben Sie selbst ab und an das Bedürfnis, ihn auf sich selbst oder andere zu richten.

Beim Schreiben dieses Buches habe ich immer wieder gemerkt, wie ich gezögert habe, ein Wort, einen Begriff zu verwenden, ein Thema anzusprechen oder dass ich manchmal völlige innere Leere gespürt habe und selbst nicht mehr wusste, wo ich gerade stehe. Umso besser. Denn natürlich bin auch ich vor allem Mensch, liebende Hundemutter und das Ergebnis meiner Prägungen und Erfahrungen. Als Autorin dieses Buch möchte ich es gerne „richtig" machen, so hilfreich wie möglich und bestenfalls im Sinne jedes einzelnen Lesers. Was schlicht unmöglich ist, aber eine bemerkenswerte Brücke zum Thema dieses Buches schlägt. Das nun das Ergebnis der unzähligen Entscheidungen ist, die ich auf dem Weg des Schreibens getroffen habe.

Ich möchte Sie deshalb ermuntern, beim Lesen einfach alles als Anregung zu sehen. Nicht mehr und nicht weniger. Picken Sie sich heraus, was Ihnen hilfreich und wertvoll erscheint und lassen Sie das Übrige links liegen. Wenn Ihnen etwas total gegen den Strich geht, kann dies auch ein Geschenk für Ihre Selbstreflexion sein. Spüren Sie in sich hinein, was genau Sie an einer Aussage „triggert", diskutieren Sie mit den Menschen um sich herum. Denn genau darum soll es ja gehen: dass Sie in der Masse des Angebots, der Menge an Optionen, der Vielzahl an Sichtweisen, Überzeugungen und Meinungen Ihre ureigenen Antworten und Ihren persönlichen und stimmigen Weg finden, der Ihrer eigenen Einzigartigkeit, der Ihres Hundes und der Ihrer Beziehung zueinander liebevoll und fürsorglich Rechnung trägt.

Und ein letzter Punkt vorab:

„Wenn Sie als Hundebesitzer oder Hundebesitzerin mit Ihrem Hund oder Ihrer Hündin beim Tierarzt oder bei der Tierärztin sind, ...“ - solche Satzanfänge hätte es durchaus geben können. Ich wollte Sie Ihnen und mir gerne ersparen. Einer guten Lesbarkeit halber bleibe ich - überwiegend - bei der männlichen Form. Außerdem kann, wenn ich von „Tierarztpraxis“ spreche, dies fast immer auch durch „Tierklinik“ ersetzt werden, je nachdem, wo Sie Ihren Hund im individuellen Fall behandeln lassen.

Warum schreibt man ein Buch über den Tod?

Als junge Medizinstudentin war es mein höchstes Ziel, Menschenleben zu retten. Ich im Kampf gegen Krankheit und Tod. Ich erinnere mich an eine motivierende Vision, die mich durch die Prüfungszeiten getragen und die weniger schönen Seiten des Studiums hat aushalten lassen: Ich, wie ich in leuchtend orangefarbener Weste und Sicherheitsschuhen aus einem noch nicht ganz gelandeten Rettungshubschrauber auf die Autobahn springe und zur Unglücksstelle eile.

Daraus ist nie etwas geworden. Als ich nach dem Studium zu arbeiten begann, lag auf dem Metalltisch vor mir ein menschlicher Leichnam. Dieses Szenario sollte einige Jahre lang einen wesentlichen Teil meines Berufsalltags ausmachen. Als Pathologin war der Tod für mich tagtäglich präsent. Ob nun tatsächlich in Form eines verstorbenen Menschen oder bei der Untersuchung von Gewebeproben: die Endlichkeit des Lebens lief immer mit. Damals wurde mir bewusst, was eigentlich „sonnenklar" ist: Dass man – respektive ich – den Tod überhaupt nicht verhindern kann. Allenfalls hinauszögern. Keiner von uns kommt hier lebend raus.

Was hier ein wenig „flapsig" klingen mag, war für die junge Frau, die ich damals war, der Beginn eines nicht ganz leichten, aber sehr wertvollen Lernprozesses. Von der Abwehr und dem Wegschieben meiner Gedanken an und über den Tod über die Akzeptanz, dass er zu unser aller Leben gehört, bis hin zu der Überzeugung, dass in der Beschäftigung mit dem Tod ein ganz wesentliches Geschenk für unser Leben liegen kann. Natürlich ist dieser Prozess noch längst nicht abgeschlossen und wird sich bis zu meinem eigenen Tod stetig verändern und wandeln.

In der Pathologie arbeite ich schon lange nicht mehr. Nach einigen Jahren habe ich mich – durchaus mit einem lachenden und einem weinenden Auge – einer meiner anderen großen Leidenschaften zugewandt: dem Schreiben. Als medizinische Redakteurin habe ich heute das große Glück, beides – medizinisches Interesse und Schreiblust – miteinander verbinden zu können. Der ursprüngliche Wunsch, Menschen zu helfen, blieb allerdings immer tief in mir verwurzelt und, um dies ganz direkt und unmittelbar tun zu können, legte ich noch eine therapeutische Ausbildung nach. Seit 2015 bin ich als Systemische Therapeutin und Mediatorin freiberuflich tätig.

„Und wo bleibt der Hund?" fragen Sie sich vielleicht. Der Hund war eigentlich immer schon da. Seit meinem zwölften Lebensjahr war – bis auf eine mehrjährige Pause nach dem Tod meines Golden Retrievers Lorbas – immer ein Vierbeiner an meiner Seite. Ein Umstand, für den ich zutiefst dankbar bin. Meine Hunde haben mir in vielerlei Hinsicht einen Spiegel vorgehalten. Durch sie sind, wie durch ein Brennglas, Verhaltensweisen und Muster zu Tage getreten, die mich auch in anderen Zusammenhängen durch mein Leben begleiten. Sie haben mich immer wieder darauf aufmerksam gemacht, was mir wirklich wichtig ist. Und sie haben mich manchmal an meine Grenzen gebracht. Zum Beispiel, indem sie mich mit meinen Ängsten konfrontiert haben oder mit meinem Bedürfnis nach Sicherheit und Kontrolle. Nicht zuletzt aufgrund dieser eigenen Erfahrungen gibt es seit einigen Jahren das Coaching-Projekt „Mensch, Hund!", das ich gemeinsam mit meinem Mann betreibe und das sich mit dem Ende der Leine beschäftigt, das der Besitzer in der Hand hält.

Ihnen allen, die Sie nun gerade dieses Buch in den Händen halten, brauche ich wohl nicht zu erzählen, welches Glück es bedeutet, sein Herz an einen Hund zu verschenken und ein Hundeherz geschenkt zu bekommen. Von dem gemeinsamen Leben und der wunderbaren Beziehung soll auf all den folgenden Seiten ganz viel die Rede sein. Auch wenn wir all das vom Ende her betrachten und zudem einen ausgiebigen Blick auf die Kehrseite des Glücks werfen wollen.

Die wenigsten von uns beschäftigen sich gerne mit dem Tod, der eigenen Vergänglichkeit oder der uns nahestehender Lebewesen. Tatsache ist jedoch, dass der Tod uns alle eint, jeder von uns wird sterben. Und natürlich tun es auch unsere Hunde.

In der Arbeit mit meinen Klienten sind dies zentrale Themen. Und, wenn es nicht um den Tod an sich geht, dann geht es doch sehr oft um Abschied und Loslassen von Vertrautem, von Glaubenssätzen und Mustern, von Wünschen und Vorstellungen, von Jugend und körperlicher Unversehrtheit und natürlich auch von geliebten Menschen und Tieren. Alles Leben ist Veränderung, jeder einzelne Augenblick stirbt gewissermaßen in den nächsten hinein.

Was unsere Hunde angeht, so ist es wohl der „Normalfall", dass unser Liebling vor uns geht. Dass es „normal" ist, macht es allerdings kein bisschen leichter. Im Gegenteil, es macht es sogar besonders schwer: In (hoffentlich) wenigen anderen wesentlichen Beziehungen, die wir im Laufe unseres Lebens eingehen, ist der Abschied vorprogrammiert und in (hoffentlich) noch weniger Fällen sind wir es, die dabei den Hauptanteil an Verantwortung und Entscheidungen tragen müssen. Und in den allerwenigsten Fällen kann es (hoffentlich) passieren, dass unser Schmerz über den Verlust von unserem Umfeld nicht ernstgenommen, dass unsere Trauer nicht verstanden wird. Es war doch „nur ein Hund".

In diesem Buch möchte ich dieser außergewöhnlichen Beziehung, aber auch den gerade genannten Besonderheiten Raum geben. Ich möchte Sie zu einer behutsamen Auseinandersetzung, bestenfalls „ohne Not", einladen. Ich möchte Sie informieren: zum Beispiel darüber, was beim Sterben geschieht, welche Möglichkeiten die Sterbebegleitung bietet, wie eine Einschläferung abläuft und welche Optionen es gibt, mit dem Hundekörper nach Eintritt des Todes zu verfahren. Ich möchte Ihnen für die letzte Phase des Zusammenlebens mit Ihrem Hund Entscheidungshilfen und Unterstützungsangebote an die Hand geben, Sie in der Phase unmittelbar nach dem Tod Ihres Hundes ein kleines Stück begleiten und Ihnen auch für diese Zeit Anregungen und Informationen mitgeben.

In schweren Situationen ist es für uns Menschen oft das Schlimmste, dass wir das Gefühl haben, dem Geschehen ohnmächtig und hilflos ausgeliefert, nicht handlungsfähig zu sein – nichts tun zu können.

Informiertheit ist eines der wirksamen „Gegengifte" hierfür. Weitere sind geistige und emotionale Klarheit. Wenn wir einen Standpunkt haben, wenn wir gut mit uns selbst und mit unserem Tier in Kontakt sind, dann gibt uns dies Halt, um der Angst entgegenzutreten. Nicht kämpferisch abwehrend, sondern liebevoll zugewandt. Mit Hilfe der Selbstreflexionsfragen in diesem Buch können Sie sich in vielerlei Hinsicht selbst etwas besser kennenlernen und einen Standpunkt entwickeln, der es Ihnen leichter machen kann, zum Zeitpunkt X aus Ihrem Herzen heraus stimmige Entscheidungen zu treffen.

Wer jemals Sterbende – Menschen oder Tiere – begleitet hat, durfte wahrscheinlich erfahren, dass zwischen tiefer Trauer und unerträglich scheinendem Schmerz Raum für sehr Bereicherndes entsteht. Und wir ganz wesentliche und intensive Momente der Liebe und Intimität erleben dürfen, die uns für immer verbinden.

Ich wünsche Ihnen viele gute Erkenntnisse beim Lesen dieses Buches und dass es Ihnen ein hilfreicher Begleiter sein möge. Trotz des schwierigen Themas wünsche ich Ihnen auch Freude beim Lesen und Bearbeiten. Vor allem aber wünsche ich Ihnen, Ihren Familien, den Tieren in Ihrem Haushalt und Ihren Hunden noch eine lange, gesunde, glückliche und bis zum letzten Augenblick wertvolle und bewusste Zeit miteinander.

„Wenn Liebe allein Dich retten könnte, würdest Du für immer leben."

1

Mensch und Hund – treue Gefährten auf dem gemeinsamen Weg

Glück kann man doch kaufen

Da liegt er, der Anton, langgestreckt auf seiner Lieblingsdecke, ganz still. Mein Blick wandert von der rosa Nase über die graue Schnauze hin zu den großen Schlappohren. Von den „dicken Pranken" über den spärlich behaarten Bauch hin zum süßesten Popo der Welt, an dem der lange Schwanz hängt, der vor dem Mauseloch wie ein Propeller dreht. Der Brustkorb hebt und senkt sich. Langsam, gleichmäßig. Gott sei Dank tut er das.

Immer öfter ertappe ich mich dabei, dass ich denke: „So sieht er wohl auch aus, wenn er tot ist." Und dabei, dass ich jeden Morgen erleichtert das Geräusch seiner Pfoten auf dem Holzboden wahrnehme (nach dem man die Uhr stellen kann), dem ein Schütteln und dann ein Niesen folgt, bevor er sich ans Fußende setzt, um mich wachzustarren.

Neun ist er jetzt. Inzwischen fragen fremde Menschen oft: „Das ist aber auch schon ein älteres Semester?" und sagen erst im zweiten Satz: „So ein Hübscher."

Mit neun Jahren ist so ein großer Hund definitiv ein Senior, und ich weiß, dass der Tag, an dem wir uns von unserem Liebling verabschieden müssen, näher ist als der, an dem wir einander zum ersten Mal begegnet sind.

Unsere Hunde werden, verglichen mit der Lebenserwartung eines Menschen oder anderer Haustiere, nicht besonders alt. Und genauso, wie man in Gestalt eines Hundes entgegen dem bekannten Sprichwort Glück eben doch kaufen kann, kauft man mit dem Hund in aller Regel auch schon den Schmerz des Verlusts und Abschieds ein. Wenn ich einen Wunsch an den „Boandlkramer" (bayrische beschönigende und allegorische Bezeichnung für den Tod: Boandl = Gebeine, Knochen, Kramer = Händler – ich bin mit einem Münchner verheiratet) richten dürfte, dann lautete der: „Bitte sei so gut und geh, wenn der Tag gekommen ist, mit hinaus auf unsere Spielwiese. Nimm ihn mit, während er gerade mitten im Sprint nach seinem geliebten Ball ist, oder besser noch, wenn er zum Hechtsprung ansetzt, wenn er sein Ziel erreicht hat."

Doch so wird es leider nicht immer, wahrscheinlich sogar eher äußerst selten, ausgehen. Während wir Menschen zu Lebzeiten allerdings (weitgehend) darüber verfügen können, was wir uns für unser Sterben und die Zeit nach unserem Tod wünschen, ist dies unseren Tieren nicht möglich. Und so liegt, wenn die Zeit gekommen ist, die Entscheidung über das „Wie und Wann" zu den allergrößten Anteilen allein bei uns als Frauchen oder Herrchen. Im schlimmsten Fall müssen wir sie schnell und unter höchstem emotionalem Stress treffen. Im besseren Fall haben wir Zeit, uns mit dem Gedanken an den bevorstehenden Abschied auseinanderzusetzen. Im besten Fall haben wir sogar die Chance uns mit ihm anzufreunden und dieses letzte Stück des gemeinsamen Weges mit unserem Hund ganz bewusst und als eine wichtige und wertvolle Zeit zu erleben.

Nur ein Hund?

Anton ist mein Freund. Ziemlich sicher bin ich auch seine Freundin. Er ist mein Baby, mein Spielkamerad, meine Gute-Laune-Macher, mein treuer Begleiter, mein Mich-zum-Lachen-Bringer. Die Liste könnte ich endlos fortsetzen.

Wir leben zusammen. Wenn auch nicht Tisch und Bett (zumindest nicht offiziell), so teilen wir doch zumindest das Sofa – und manches Würstchen.

Wir sind uns begegnet, haben einander voller gegenseitigem Wohlwollen kennengelernt, haben eine gemeinsame Sprache entwickelt.

Oft verstehen wir uns aber ganz ohne Worte. Wir vertrauen einander, wir nehmen Rücksicht aufeinander. Wir wünschen uns einen „Guten Morgen" und eine „Gute Nacht" (ich gestehe, dass ich ihm auch „Gesundheit" und „Guten Appetit" wünsche). Wir sind bei Wind und Wetter miteinander unterwegs, wir probieren gemeinsam Neues aus. Wir toben, wir spielen. Wir berühren uns viel, wir kuscheln, wir schauen uns manchmal sehr lang in die Augen. Wir haben einander stets im Blick. Wir geben uns Wärme und Geborgenheit. Wir „spiegeln" einander, wir teilen Freud und Leid, wir lernen von- und miteinander und vergeben uns Fehler. Wir gehen zusammen zur Arbeit, wir fahren zusammen in den Urlaub. Wir verbringen oft 24 Stunden miteinander und das seit vielen Jahren. Und wir haben immer noch nicht genug voneinander. Das ist ehrlicherweise sehr viel mehr, als man über manche Beziehung zwischen Menschen sagen kann. Das ist also nur ein Hund?

Du bedeutest mir so viel(es)

„Der Wunsch ein Tier zu halten, entspringt einem uralten Motiv. Der Sehnsucht des Kulturmenschen nach dem verlorenen Paradies."
(Konrad Lorenz)

Wenn ich ein wenig in meiner „Psychokiste" wühle, dann finde ich eine Vielzahl von Bedürfnissen, die durch Anton befriedigt werden. Mein inneres Kind tobt mit ihm durch die Wiesen, klettert auf Felsen, balanciert auf Baumstämmen. Es setzt ihm Mützen und Sonnenbrillen auf, kuschelt mit ihm gemeinsam unter eine Wolldecke auf dem Sofa, füttert ihn heimlich mit Butterbrot. Und wenn die „anderen

Kinder" mich ärgern wollen, dann steht er als großer und starker Beschützer neben mir. Die Mutter in mir hingegen umsorgt ihn wie ihr Kind. Sie füttert ihn, sie bürstet sein Fell und befreit ihn von Ungeziefer. Sie sorgt dafür, dass er so gesund wie möglich ist und ist für ihn da, wenn er krank ist. Sie fördert, erzieht und beschützt ihn. Sie kauft ihm das 27. Stofftier. Die Sportlerin in mir schmückt sich mit seinem athletischen Aussehen und seiner Vitalität. Die Kommunikative in mir kommt durch ihn mit anderen Menschen ins Gespräch. Und wer auch immer in mir ist unglaublich stolz, dass dieser hübsche, überaus freundliche und lustige Hund ganz selbstverständlich an meiner Seite steht. Als wäre ich es selbst, die im Laufe ihres Lebens unzähligen Menschen im Vorbeigehen ein Lächeln ins Gesicht gezaubert hat.

Anton gibt meinem Tag Struktur und der Glasscheibe in der Haustür ein „Schneckenspur-Design", denn da drückt er sich die feuchte Nase platt, wenn ich weggehe oder wiederkomme. Im letzteren Fall begrüßt er mich stürmisch. Oder gar nicht. Er begegnet mir authentisch und echt. Dieses Unmittelbare, verlässlich Unverstellte hat eine ganz besondere Reinheit. Er vertraut mir und geht – wenn auch manchmal auf zitternden Beinen – überall mit mir hin, zum Beispiel zum Tierarzt, auf ein Schiff oder in den Fahrstuhl. Rituale sind sein Lebenselixier. Und auch mir geben sie das Gefühl von Sicherheit und Geborgenheit. Zum Beispiel holt er jeden Morgen nach dem Frühstück ein Stück Rinderstrossen aus dem Versteck des Vortages und sucht, vor sich hin jammernd, im ganzen Haus ein neues. Gefressen wird das Teil nie, dafür finden wir es dann in der Reisetasche, im Schuh, im Wäschekorb oder notdürftig mit einem Buch oder Socken bedeckt in einer Zimmerecke. Anton hat großen Anteil daran, dass dieses Haus sich wie ein Zuhause anfühlt.

Kurz gesagt: Ich liebe ihn.

Coming-out: Ich liebe einen Hund

„Nicht die, die die gleiche Sprache sprechen, sondern die, die die gleichen Gefühle teilen, können einander verstehen."
(Rumi)

„Das ist doch nicht normal. Bei einem Hund kann man doch nicht von Liebe sprechen."

„Das sind halt Menschen, die mit anderen Menschen nicht zurechtkommen."

"Das ist ein Kindersatz."

„Wie einsam muss man sein, wie sozial inkompetent, um so ein Affentheater um einen Hund zu machen?"

Kommt Ihnen davon irgendetwas bekannt vor? Holen Sie schon Luft für eine Rechtfertigung? Ich ertappe mich selbst manchmal dabei, mich irgendwie rechtfertigen zu wollen oder über meine Gefühle für Anton mit einem Augenzwinkern oder einem entschuldigenden Lächeln zu sprechen. Im Grunde meines Herzens bin ich jedoch zutiefst überzeugt davon, dass Liebe, Freundschaft, Treue und tiefe Verbundenheit etc. keiner bestimmten oder übereinstimmenden genetischen Struktur bedürfen und schon gar nicht einer gleichen gesprochenen Sprache. Wie überheblich wäre es, zu glauben, all das sei uns Menschen vorbehalten? Es ist meines Erachtens viel mehr eine Frage dessen, worauf man sich einlässt, woran man sich hingibt, worum man sich bemüht, wem man voller Offenheit begegnet und wem man sein Herz schenkt. Im Falle unserer Hunde wohlwissend, dass es dort wirklich sehr gut aufgehoben ist.

Mensch und Hund – eine Erfolgsstory

Ich nehme an, die wenigstens von Ihnen brauchen (wissenschaftliche) Beweise für das, was zwischen uns und unseren Hunden (so toll) ist, aber, bitte schön, derer gibt es genug. Hunde, die „einen Job" haben, genießen ja eh ein relativ hohes Ansehen in unserer Gesellschaft. Vom Blindenhund über Trümmer- und Lawinensuchhunde, den Drogen- oder Sprengstoffsuchhund, Flächen- oder Personensuchhunde bis hin zum Assistenzhund für Menschen mit Diabetes oder Epilepsie oder dem Hund, der Brust-, Haut- oder Prostatakrebs bei Menschen erschnüffeln kann. Diese Hunde leisten Erstaunliches für die Menschen.

Aber selbst für die „Nichtsnutze", zu denen wohl die meisten unserer Hunde zählen, sind äußerst hilfreiche und geradezu heilsame Wirkungen auf uns Menschen belegt. Angefangen von sehr gut messbaren gesundheitlichen Auswirkungen, zum Beispiel auf das Herz-Kreislauf- beziehungsweise das Immun-System, bis hin zu positiven Auswirkungen im sozialen Bereich. „Hundemenschen" fühlen sich nicht nur subjektiv wohler, sie sind auch objektiv sozial besser vernetzt und gesünder als Menschen ohne Hund. Kurt Kotrschal schreibt in seinem Buch „Hund und Mensch. Das Geheimnis unserer Seelenverwandtschaft", dass „die positiven Effekte von Hunden als Sozialgefährten so gut belegt sind, dass etwa im amerikanischen Rechtssystem Eltern wegen sozialer Deprivation verklagt werden können, wenn sie ihrem Kind zugemutet haben, ohne Hund aufzuwachsen." Wenn das kein Beweis ist.

Mein eigen Fleisch und Fell

Passen Sie auf, jetzt kommt der Absatz, für den allein sich wahrscheinlich für einige von Ihnen der Kauf dieses Buches schon gelohnt hat:

Wir dürfen jetzt ganz offiziell von unseren Hunden als unseren „Kindern" sprechen.

Das, was man sich bisher allenfalls der besten Freundin nach einem Gläschen Wein gestehen traute, ist inzwischen wissenschaftlich erwiesen. Es lässt sich *messen*.

Der Cocktail aus Hormonen und Botenstoffen, den unser Hund in unserem Gehirn anrührt, ist dem, den die Eltern-Kind-Beziehung auslöst, vergleichbar. Und das Schönste: dem Hund geht es dabei ganz ähnlich.

Der ungarische Biologe Ádám Miklósi und der amerikanische Psychiater Gregory Berns untersuchten die Gehirnaktivität von Menschen und Hunden mittels Magnetresonanztomographie (MRT). Tatsächlich zeigten beider Gehirne erstaunliche Ähnlichkeiten.

Wenn dem Menschen ein Bild seines Hundes gezeigt wurde, waren dieselben Gehirnregionen aktiv wie beim Anblick der eigenen Kinder. Dies funktionierte nicht beim Anblick von fremden Kindern oder Hunden. Beim Hund genügte es, Herrchen oder Frauchen zu riechen, damit die entsprechende Gehirnregion „feuerte". Dies funktionierte nicht beim Duft fremder Menschen und nicht einmal beim Duft vertrauter Hunde.

Hund macht gesund

Eine ganz entscheidende Rolle spielt hierbei das sogenannte „Bindungs- oder Kuschelhormon" Oxytocin. In einer Studie von Nagasawa, Miho, et al. konnte anhand von Messungen des Oxytocin-Spiegels im Urin nachgewiesen werden, dass, wenn Hund und Mensch sich länger in die Augen schauten, bei beiden der Oxytocinspiegel anstieg.

Linda Handlin und Ihre Kollegen bewerteten die Beziehung von Besitzerinnen zu ihren Hunden anhand einer Skala (Dog Owner Relationship Scale, MDORS) und entnahmen anschließend Blutproben bei Mensch und Tier. Sie stellten fest, dass die Frauen, die ihre Hunde häufig küssten, erhöhte Oxytocin-Werte aufwiesen. Gleiches ließ sich im Blut der Hunde feststellen, bei ihnen waren die Oxytocin-Werte ebenfalls erhöht.

Odendaal und Meintjes stellten fest, dass sowohl beim Menschen als auch beim Hund nach körperlichem Kontakt und Zuwendung nicht nur vermehrt Oxytocin, sondern auch vermehrt Endorphine („Glückshormone") ausgeschüttet wurden. Nebenbei sank auch noch der Blutdruck bei Mensch und Hund.

Aber was hat es denn nun mit diesem Oxytocin genau auf sich?

Oxytocin – Kuschelhormon und Beziehungskitt

Oxytocin wird im menschlichen Gehirn gebildet und spielt zum Beispiel beim Geburtsvorgang eine wichtige Rolle. Es fördert die Wehen und später den Milcheinschuss sowie die mütterliche Zuwendung zum Kind. Auch zwischen Erwachsenen wirkt Oxytocin bindend, die Freisetzung aus dem Hinterlappen der Hirnanhangsdrüse (Hypophyse) erfolgt bei lustvoll empfundenem Körperkontakt: es wird vermehrt bei Augenkontakt, Berührung, beim Küssen, beim Sex und beim Orgasmus ausgeschüttet und sorgt für ein starkes Gefühl der Verbundenheit zwischen den Partnern. Oxytocin bewirkt eine Senkung des Blutdrucks, es wirkt schmerzlindernd und entzündungshemmend. Es ist außerdem gut gegen Stress, da es ein Gegenspieler des Stresshormons Cortisol ist. All das funktioniert auch im Hundegehirn.

Da hätten Sie gerne mehr davon? Dann schauen Sie Ihrem Hund tief in die Augen, streicheln und knuddeln Sie ihn, wann immer sich die Gelegenheit dazu bietet – und wenn er sich das gerne gefallen lässt.

Und wenn er Sie mit seinem Hundeblick löchert, dann kann das „einfach Liebe" sein, oder aber zum Beispiel der Wunsch nach einem Leckerli. Letzteres zu erhalten, würde wiederum das Belohnungssystem in seinem Gehirn anwerfen und zu einer Dopamin-Ausschüttung führen. Das tut auch sehr gut. Vielleicht müssen Sie dann über ihn lachen, was bei Ihnen zu einer Endorphin-Ausschüttung führt, und damit zu Glücksgefühlen und zur Drosselung eines weiteren Stresshormons, dem Adrenalin. Ein nicht enden wollender Kreislauf von Glück und Gesundheit.

Glücklich in Schieflage – eine asymmetrische Beziehung

Bei aller Partnerschaftlichkeit, Verbundenheit und Liebe begegnen wir einander dennoch nicht auf Augenhöhe. Auch das ist eine Parallele zur Beziehung zwischen dem (erwachsenen) Menschen und seinem (kleinen) Kind, die zunächst einmal von Abhängigkeit auf der einen und Fürsorge auf der anderen Seite geprägt ist. Unser „Fell-Kind" legt dann allerdings eine ganz andere Entwicklung hin als ein Menschenkind - nämlich in mancherlei Hinsicht gar keine. Allenfalls verwandelt es sich irgendwann übergangslos in einen „tüdeligen Greis". All die Zwischenstufen, in denen wir unsere Kinder auf dem Weg zur Selbstständigkeit, zur Persönlichkeitsentwicklung und -entfaltung und zur Loslösung von den Eltern unterstützen, entfallen im Wesentlichen in der Beziehung zwischen uns und unserem Hund.

Klingt furchtbar? Für manche vermutlich schon. Vor allem von „Katzenmenschen" hört man ja häufig das legitime Argument, dass man mit einer Katze eben nicht so angebunden sei, die sei viel selbstständiger, unabhängiger und nicht so extrem auf ihren Menschen fixiert wie ein Hund. Stimmt wohl. Uns Hundemenschen scheint aber gerade das recht gut zu gefallen. Diese tiefe und sehr enge Bindung, das Team-Play.

Nichtsdestotrotz sind es wir Menschen, die einen Großteil der Entscheidungen treffen (müssen) - in allen Phasen des Hundelebens. Der Hund ist komplett abhängig von uns, wir sind seine Welt. Sind wir nicht verfügbar, wird die Luft recht schnell dünn. Ganz existenziell betrachtet, wenn es um Sicherheit, Gesundheit und Nahrung geht, aber vor allem auch emotional. Nicht von ungefähr verkümmern viele Hunde regelrecht, wenn sie längere Zeit in einem Tierheim oder Shelter ohne direkte Bezugsperson und ausreichende Zuwendung verbringen müssen.

Damit sich ein Gleichgewicht einstellen kann, bedarf die Abhängigkeit auf der einen Seite der Übernahme von Fürsorge und Verantwortung auf der anderen Seite. Dass dies für beide Seiten zutiefst befriedigend sein kann, kann vermutlich jeder von uns Hundebesitzern aus tiefstem Herzen bestätigen. Allerdings ist der Grat zwischen Verantwortung(sgefühl) und Schuld(gefühlen) sehr schmal. Vor allem dann, wenn es um schwierige Entscheidungen oder Unglücksfälle geht.

Das klingt irgendwie schon belastend. Aber wir bekommen ja auch viel dafür. Nicht nur, dass wir das Gefühl haben dürfen, gebraucht zu werden. Unsere Hunde erweisen uns einen Liebesdienst von unschätzbarem Wert – indem sie dafür sorgen, dass in dieser Beziehung etwas nicht geschieht, was in vielen anderen Beziehung geschieht: Die Konfrontation mit einer unserer Urängste. Der Angst, dass, wenn wir uns zeigen (oder entdeckt werden), wie wir „wirklich" sind beziehungsweise, wie wir *auch* sind, außerhalb der zahlreichen Rollen, die wir in unseren verschiedenen Lebensbereichen einnehmen – wir nicht gut genug sind. Und deshalb früher oder später verlassen oder weggeschickt werden. Unserem Hund gegenüber dürfen wir uns zum Beispiel mit unseren weichen, liebevollen, verspielten, schwachen Anteilen in unserer ganzen Unperfektheit zeigen. Ganz ohne Angst vor Zurückweisung und Ablehnung. Unser Hund nimmt und liebt uns genau so, wie wir sind. Und ganz bestimmt auch so, wie wir noch werden. Alt, hässlich, krank oder einfach anders. Umstände, die viele zwischenmenschliche Beziehungen langfristig nicht aushalten.

Im Folgenden möchte ich Sie zu einer kleinen Reflexion darüber einladen, was Ihr Hund für Sie ganz persönlich bedeutet. Hier geht es nicht um „Lobhudelei". Es dürfen durchaus auch „negative" Begriffe, Gefühle und Gedanken auftauchen wie zum Beispiel: Zicke, Sturkopf,

Angebundensein, Hundehaare im Essen etc. Vermutlich würde Ihnen zu Ihren Kindern, Freunden und Partnern auch nicht ausschließlich Schmeichelhaftes einfallen.

Selbstreflexion: „Was bedeutet mein Hund für mich?“

» Wie würde ich meinen Hund beschreiben, was ist sein Wesen, sein Charakter?

» Welche Gefühle verbinde ich mit ihm?

» Welche Gedanken?

» Was verbindet uns?

» Was macht meinen Hund für mich zu einem ganz „besonderen Hund“?

» Was erleben wir zusammen?

» Haben wir Rituale? Welche?

» Was wäre in meinem Leben komplett anders ohne meinen Hund?

» Wofür bin ich dankbar?

» Was würde ich mir anders wünschen?

Wedelnde Werte

Ich habe Hundebesitzer gefragt, was sie mit ihrem Hund verbinden. Dabei ist die folgende „Wortwolke" entstanden:

Die schiere Menge der Begriffe – und bestimmt sind Ihnen in der Selbstreflexion noch mehr eingefallen – ist Ausdruck, dessen, was unsere Hunde für uns bedeuten, welchen Platz sie in unserem Leben haben und natürlich auch der Lücke, die sie nach ihrem Tod hinterlassen.

Ich wage an dieser Stelle zu behaupten, dass wir aus den Beziehungen zu unseren Hunden – oder überhaupt zu Tieren – Essenzielles, Lebensbereicherndes, durchaus Spirituelles und Transzendentes ziehen können, was unser persönliches Wachstum fördert und vielleicht mit manchem versöhnen oder zumindest darüber hinwegtrösten kann, was in der Welt um uns herum tagtäglich geschieht. Viele von Ihnen, die von Ihrem Seelenhund (oder Ähnlichem) sprechen, wissen ganz bestimmt, was ich meine. Selbst der kleinste Hund kann ein ganzes Haus mit Leben und ein ganzes Leben mit Liebe und Sinn füllen.

Unsere Tiere sind große Lehrmeister im „Leben im Hier und Jetzt", während wir Menschen, wenn wir genau hinsehen, meist entweder in der Vergangenheit oder in der Zukunft orientiert sind. Vermutlich – natürlich können wir das mit letzter Gewissheit nicht sagen – kennen unsere Hunde „Sorgen" im eigentlichen Sinne nicht. Sie beschäftigen sich nicht mit dem, was sie bereits versäumt haben könnten oder was sie noch erreichen möchten, und auch nicht mit bewertenden oder beurteilenden Gedanken über Situationen oder andere Lebewesen.

Deswegen dürfen wir auch davon ausgehen, dass unsere Tiere ihrem eigenen Tod friedvoll und gelassen entgegengehen, und Sterben für sie – viel eher als für uns Menschen – ein natürlicher Prozess ist, der den „Kreis schließt", der den Lebenszyklus vollendet.

Doch bevor wir uns im übernächsten Kapitel nun dem Thema „Tod und Sterben" zuwenden – eine kurze Verschnaufpause. Es soll in diesem Buch ja auch ganz viel um Entscheidungen gehen und darum, wie es Ihnen gelingen kann, diese aus dem Herzen heraus zu treffen und als stimmig zu empfinden. Auf den nächsten Seiten geht es nun also um Entscheidungen im „Hier und Jetzt" – mit einem Blick in Ihre „Entscheidungs-Vergangenheit" und mit einigen Impulsen für die Zukunft.

2

Entscheidungen treffen – Routenplanung

Die Qual der Wahl – oder die, keine zu haben

Ich weiß nicht, wie es Ihnen geht, aber es gibt wenig, was mich emotional so „anfasst" wie das Leid von Tieren. Und ich sage es gleich dazu: Nein, das heißt definitiv nicht, dass mir menschliches Leid egal ist. Denn nicht so selten, wenn ich erzähle, dass ich für den Tierschutz spende oder mich darin engagiere, kommt die – mehr oder weniger unverblümte – Frage: „Willst Du denn nicht lieber was für Menschen tun?"

Ich glaube, was für mich im leidenden Tier so deutlich zu spüren ist, ist dessen Unschuld, die Ohnmacht und die daraus resultierende Schutzbedürftigkeit. Und: Ja, Gleiches berührt mich auch bei Menschen sehr. Es ist vor allem die fehlende Wahlmöglichkeit des zu schützenden Lebewesens, die mir Schwierigkeiten bereitet. Und das ist es auch, warum ich mich in Bezug auf Anton oft auf so dünnem Eis fühle. Denn ich bin es ja, die die Entscheidungen trifft.

Dabei versuche ich stets einen guten Mittelweg zu finden zwischen dem, was ich für richtig halte oder will, und dem, was ich glaube, dass Anton es will und braucht. Bei vergleichsweise banalen, alltäglichen Entscheidungen ist es für mich auch okay, wenn er mal nicht hundertprozentig einverstanden ist – außerdem kann ich mich da auch gut auf seine Mitarbeit verlassen: Er kann sehr deutlich zeigen, wann er raus will, dass er nicht mit der guten Salbe eingeschmiert werden möchte und wenn er Hunger hat. Auch, dass er lieber mitgehen würde, wenn ich mal ohne ihn losziehe. Sobald es aber etwas weltanschaulicher und mehr „Einstellungssache" wird, bin ich auf mich selbst zurückgeworfen. Zum Beispiel habe ich schon mehrfach entschieden, dass Anton eine Untersuchung in Narkose bekommt oder dass er operiert wurde. Ich entscheide, welches Futter er bekommt und ob und wann er gegen was geimpft wird.

Vielleicht denken Sie an dieser Stelle – wie ich gerade – an die größte und schwerwiegendste Entscheidung, die wir vielleicht irgendwann werden treffen müssen: Die Entscheidung, ob und wann wir unseren Liebling „erlösen" sollen. Dafür hätten wir gerne so viel Klarheit und Sicherheit wie nur irgend möglich. Zwar gibt es eine Reihe äußerer Umstände, die eine sehr klare Sprache sprechen, wie zum Beispiel ein Unfall mit schwersten, irreversiblen Verletzungen oder eine Notfallsituation mit inneren Blutungen. Abgesehen davon wird es aber vielfach ein Abwägen verschiedenster Aspekte gegeneinander bleiben. Die Sicherheit und Klarheit, die Sie für die anstehenden Entscheidungen brauchen, können letztendlich nur in Ihnen selbst entstehen. Und genau hierbei will ich Sie mit diesem Buch unterstützen.

Wie sieht es bisher mit den Entscheidungen in Ihrem Leben aus, den kleinen alltäglichen und den großen herausfordernden?

Auf der nächsten Seite finden Sie wieder eine kleine Reflexionsübung.

Selbstreflexion: „Wie treffe ich Entscheidungen?"

» Fällt es mir leicht, alltägliche Entscheidungen zu treffen? Oder denke ich zum Beispiel darüber, was ich heute anziehen oder zum Essen kochen will, sehr lange nach?

» Woran orientiere ich mich vor allem bei der Entscheidungsfindung? Recherchiere ich zum Beispiel ausgiebig Daten und Fakten und wälze Testberichte? Gehe ich eher pragmatisch vor? Oder höre ich eher in mich hinein, was mein Herz dazu sagt, und wie sich die verschiedenen Optionen an*fühlen*?

» Treffe ich Entscheidungen mit größerer Tragweite manchmal ganz spontan aus dem Bauch heraus? Oder schlafe ich immer sicherheitshalber mal eine Nacht darüber?

» Nehme ich bei der Entscheidungsfindung spezielle Körperempfindungen wahr, die mir als Indikator für oder gegen eine Option dienen?

» Wenn ich mich einmal entschieden haben, bin ich mir dann sicher? Oder denke ich noch lange darüber nach, was gewesen wäre, wenn ich mich anders entschieden hätte?

» Welche Rolle spielt die Meinung anderer für mich bei der Entscheidungsfindung? Wovon hängt das im Einzelfall ab?

» Zu manchen Themen gibt es ja ein „Das gehört sich so" oder ein „Das tut man nicht". Wie wichtig sind solche „ethisch-moralischen" Aspekte für mich?

» Habe ich schon einmal eine Entscheidung getroffen, die sich im Nachhinein als „falsch" herausgestellt hat? Wie bin ich damit umgegangen und was sind heute meine Gedanken und Gefühle dazu?

» Wenn ich innerhalb meiner Partnerschaft oder Familie eine Entscheidung treffen muss, läuft dies nach einem bestimmten Muster ab? Wie sieht dieses aus? Gelangen wir gemeinsam zu stimmigen Entscheidungen?

Vielleicht können Sie in Ihren Antworten ein Muster erkennen. Wie fühlen Sie sich mit Ihrer Art, Entscheidungen zu treffen? Möchten Sie gerne etwas verändern? Was bräuchten Sie dazu?

Folgende Anregungen können Sie vielleicht dabei unterstützen, zukünftig stimmige Entscheidungen zu treffen.

Eine Nacht darüber schlafen

Beginnen wir mit dem Klassiker der Entscheidungsfindung: erst einmal eine Nacht darüber schlafen. Worum es hierbei geht, ist ein wenig Abstand zu gewinnen, zur Ruhe zu kommen und am nächsten Morgen die Situation noch einmal mit einem frischen Geist betrachten zu können. Leider werden Sie nicht immer die Möglichkeit haben, eine Entscheidung so lange zu vertagen. Wenn schon keine Nacht, dann aber vielleicht ein paar Stunden oder auch nur zehn Minuten. Und wenn schon nicht darüber schlafen, dann zumindest einmal kurz darüber nachdenken und in sich hineinspüren. Gerade bei schwerwiegenden Entscheidungen, die Sie ad hoc treffen sollen, ist es wichtig und hilfreich, sich zu erlauben, für einen Moment einen „Schritt beiseitezutreten", innezuhalten, in sich hineinzuhorchen und vielleicht Ihr „Kabinett" einzuberufen, das Sie in Kapitel 3 kennenlernen werden. Eine Frage, die in solchen Situationen besonders hilfreich sein kann, ist: „Was – oder wer – erzeugt gerade die Dringlichkeit? Erfordern es wirklich die Umstände, dass so schnell eine Entscheidung getroffen werden muss oder kommt der Druck von außen oder machen Sie ihn sich sogar selbst? Wer oder was gibt die Optionen, die zur Auswahl stehen, vor? Gibt es vielleicht noch weitere?"

Quantitative Pro – und Contra-Liste

Manchmal kann es hilfreich sein, eine einfache Liste anzufertigen, in der Sie für jede Option die Vor- und Nachteile getrennt voneinander auflisten (also nicht Option A und B gegenüberstellen, sondern für jede Option einzeln). Rein quantitativ wird die Entscheidung in vielen Fällen trotzdem nicht zu treffen sein, da manche Argumente vielleicht schwerer wiegen als andere. Hier könnten Sie beispielsweise Punktwerte vergeben, mit denen Sie die einzelnen Argumente versehen. Dann können Sie überlegen, welche Möglichkeiten es gäbe, Schwergewichte zu „entschärfen".

Expertenrat oder Peer to Peer

Holen Sie sich Rat von Fachleuten und profitieren Sie gegebenenfalls von der Erfahrung anderer Menschen. Egal um welche Entscheidung es geht, vermutlich gibt es Menschen, die sich mit dem Thema gut auskennen und Menschen, die schon einmal in einer ähnlichen Situation waren wie die, in der Sie gerade sind. Vielleicht kann die Perspektive dieser Menschen Ihre Sichtweisen und Ihre Möglichkeiten erweitern. Was medizinische Fragestellungen angeht, ist es durchaus legitim und gegebenenfalls auch sinnvoll, sich eine unabhängige Zweitmeinung einzuholen.

Heutzutage ist der erste „Experte", den die meisten von uns zu Rate ziehen „Dr. Google". Hier ist jedoch Vorsicht geboten, denn seriöse Information aus dem Internet von weniger seriöser zu unterscheiden, kann durchaus schwierig sein. Hier gilt: Glauben Sie eine Aussage erst, wenn Sie sie aus mindestens zwei unabhängigen seriösen Quellen haben. Seriöse Quellen erkennen Sie zum Beispiel daran, dass die Aussagen aktuell sind und mit nachvollziehbaren Referenzen versehen sind. Auch kann es hilfreich sein, ins Impressum zu schauen, wer hinter den Informationen steht.

Perspektivwechsel

Sprechen Sie mit Freunden oder Menschen, bei denen Sie sich gut aufgehoben fühlen und die Sie gut kennen. Vielleicht bedenkt ein solcher Mensch Aspekte oder Optionen, an die Sie selbst nicht gedacht haben. Das kann helfen, die Situation aus verschiedenen Perspektiven zu betrachten. Gerade bei Entscheidungen, die für uns mit sehr starken Gefühlen verbunden sind, kann es sein, dass unsere Wahrnehmung getrübt ist und wir die Situation durch eine beschönigende oder auch dramatisierende Brille sehen. Ein konkretes Beispiel kann beispielsweise sein, dass Sie Ihren Hund noch für wesentlich „fitter" halten, als er es eigentlich ist, oder umgekehrt, den Abbau übersteigert wahrnehmen. Gerade in einer solchen Situation kann der Blick von Außenstehenden, die Ihren Hund auch schon lange kennen, sehr hilfreich sein.

Wertebasiert entscheiden

Machen Sie sich selbst Ihre persönlichen Werte und Einstellungen bewusst. Hilfreich kann die Frage sein: „Was für ein Mensch bin ich?" oder „Aus welcher Überzeugung möchte ich (in dieser Situation) handeln?" Ein alltägliches und einfaches Beispiel: Sie stellen fest, dass die junge Kellnerin im Restaurant vergessen hat, ein Hauptgericht zu berechnen. Ehrlichkeit ist Ihnen wichtig. Deshalb sprechen Sie das an und zahlen den Betrag nach.

Selbstregulation statt Selbstkontrolle

Die Zeiten, in denen man der Meinung war, dass eine Entscheidung nur dann gut ist, wenn sie vollkommen rational, also emotions- und leidenschaftslos getroffen wurde, sind glücklicherweise vorbei. Selbst im Management und hohen Führungsebenen spielen „Emotionale Intelligenz" und sogenannte „Soft Skills" eine immer größere Rolle. Eine gesunde Selbstregulation ist mehr gefragt als knallharte Selbstkontrolle. Doch was genau ist der Unterschied?

Selbstregulation bedeutet in diesem Zusammenhang, dass man die körperlichen und seelischen Signale, die das emotionale Gedächtnis (also das, was wir in unserem Leben schon an Erfahrungen gesammelt haben) hervorruft, gut *wahrnehmen* und *einordnen* kann und auf Basis dieser emotionalen Klarheit eine stimmige Entscheidung treffen kann.

Selbstkontrolle bedeutet in diesem Zusammenhang, dass man die emotionalen Signale entweder gar nicht wahrnimmt oder sie bewusst aus dem Entscheidungsprozess *ausklammert*, gegebenenfalls sogar genau konträr zum „Bauchgefühl" entscheidet. Eventuell entscheidet man damit gegen seinen innersten Kern und mehr nach vernünftigen Prinzipien von außen.

Ein Beispiel aus der Arbeitswelt: Ein Chef entscheidet sich für einen Bewerber, der ihm menschlich auf Anhieb gefallen hat, obwohl dieser fachlich weniger gut qualifiziert ist als seine Mitbewerber. Er verlässt sich auf sein gutes Gefühl. Oder natürlich auch umgekehrt auf sein schlechtes.

Das heißt nun aber nicht, dass man seinen Gefühlen blind folgen und alles andere außer Acht lassen soll. „Angst ist ein schlechter Berater.", heißt es zum Beispiel, und das stimmt wohl insofern, dass Angst eher dazu führt, dass man eine Situation meidet und gegebenenfalls „den Kopf in den Sand steckt". Gelingt es aber, die eigene Angst wahrzunehmen, und sie vielleicht sogar in ihrer sinnhaften Bedeutung einordnen zu können, wird man wieder handlungsfähig. Übrigens auch durchaus *mit* der Angst.

Somatische Marker und Körpergefühl

Unbewusste innere Prozesse beeinflussen unser Denken und Handeln mehr, als wir glauben – oder wie der Bonner Hirnforscher Christian Elger sagt: „Es gibt keine Fakten ohne Emotionen". Warum trifft ein erfahrener Geschäftsmann oft klügere Entscheidungen als ein Jahrgangsbester unmittelbar nach dem Studium? Lebenserfahrung, Lebensklugheit, Weisheit würden wir es vielleicht nennen.

Ein großer Teil dieser Weisheit ist in unserem Körper abgespeichert. Er kann uns sehr wichtige Hinweise auf unsere – häufig unbewussten – Gefühle und Bedürfnisse geben. Psychische oder psychosomatische Reaktionen auf starke Gefühle kennt jeder von uns, angefangen vom Herzrasen und Schwitzen bei Angst bis hin zu Magen – oder Rückenschmerzen bei dauerhaftem Stress oder Kummer.

Zudem sind Erfahrungen, die wir in unserem Leben gemacht haben, in unserem Körper abgespeichert. In verschiedenen körperbezogenen Therapieverfahren, wie zum Beispiel Somatic Experiencing, Hakomi oder Integrative Bewegungstherapie, kann man sich dies therapeutisch zunutze machen. Aber auch ohne professionelle Unterstützung können Sie lernen, Ihren Körper zu befragen.

Jeder Mensch hat ein emotionales Erfahrungsgedächtnis, das mit einem Signalsystem verknüpft ist – die nach dem portugiesischen Neurowissenschaftler António Rosa Damásio benannten „somatischen Markern" (soma = Körper). Allerdings ist es von Mensch zu Mensch unterschiedlich, wie guten Zugang man dazu hat.

Im Folgenden will ich Ihnen kurz erklären, was positive und negative somatische Marker sind und Ihnen zwei Übungen mitgeben, mit denen Sie lernen können, sich diese zunutze zu machen.

Hinwendung oder Abwendung

Stark vereinfacht gesagt steuern somatische Marker unser Annäherungs- und Vermeidungsverhalten. Positive somatische Marker sagen uns: „Geh hin" bzw. „Mach das", negative „Geh lieber weg" oder „Lass das besser", jeweils basierend auf der Erfahrung, was uns im Leben bereits gutgetan oder geschadet hat.

Positive somatische Marker sind beispielsweise ein Gefühl von Leichtigkeit oder Weite in Brust, Kopf, Kehle oder Bauch, „Schmetterlinge" im Bauch, das Gefühl, frei zu atmen, ein „Hüpfen" in der Brust oder die Wahrnehmung von Licht, Fülle oder Wärme im Körper.

Negative somatische Marker können beispielsweise Druck in der Brust, ein Engegefühl, Eingeschnürtsein, Schwere und Dunkelheit in Brust, Kopf oder Bauch, Zittern, Leere, Kälte, Schmerz etc. sein. Mit der folgenden einfachen Übung können Sie Ihre somatischen Marker einmal bewusst wahrnehmen.

Übung 1: Somatische Marker

Atmen Sie dreimal tief ein und aus.

Lassen Sie vor Ihrem inneren Auge eine Situation entstehen, die für Sie sehr beglückend und schön war. Ein schönes Erlebnis, eine Begegnung mit einem geliebten Menschen oder Tier. Spüren Sie in Ihren Körper hinein – wie fühlen sich Brustkorb, Kehle und Bauch an? Wo spüren Sie was am deutlichsten?

Stellen Sie sich nun als Nächstes vor, dass Sie einem Menschen oder Tier begegnen, das Sie überhaupt nicht leiden können oder lassen Sie eine (mäßig) unangenehme (keine traumatische!) Situation vor Ihrem inneren Auge entstehen. Wie fühlen sich nun Brustkorb, Kehle, Bauch nun an? Wo spüren Sie was am deutlichsten?

Die Körperwahrnehmung trainieren

Die Übung war insofern relativ einfach, dass auch Ihr Verstand sicherlich leicht erklärbare und gute Gründe dafür nennen kann, warum diese Situation schön oder unangenehm war, warum Sie diesen Menschen mögen oder nicht. Etwas herausfordernder wird es, wenn rationale Argumente und Prägungen mit dem kollidieren, was sich richtig anfühlt oder wenn Ängste, Sorgen und starker Druck von außen mit der Entscheidung verbunden sind.

Den Fokus auf Ihren Körper zu legen, können Sie trainieren. Zum Beispiel in kleinen zwiespältigen Alltagssituationen, in denen Ihr Kopf vielleicht etwas anderes sagt als Ihr Herz oder Bauch:

- Die Einladung am Wochenende annehmen oder lieber Zeit für mich haben?
- Noch zum Sport gehen oder lieber nach Hause aufs Sofa?
- Etwas aus der Tiefkühltheke zum Abendessen mitnehmen oder lieber etwas selbst kochen?

Mit etwas Übung werden Sie Ihre Körperempfindungen einfacher und unmittelbarer wahrnehmen können.

Nun denken Sie vielleicht: „Aber wie soll sich denn jemals, wenn ich über den Tod meines Hundes nachdenke, ein warmes, leichtes Gefühl in mir einstellen? Vielleicht finden Sie darauf eine überraschende Antwort.

Übung 2: Muss ich das jetzt tun?

Gefühle von Hilflosigkeit und Ohnmacht oder Druck von außen können zu Aktionismus fühlen, der vielleicht gerade gar nicht notwendig ist. Fragen Sie sich, ob (gerade) überhaupt eine Entscheidung getroffen werden muss.

Ich habe seit einigen Jahren ein kleines Post-It an meinem Bildschirmrand kleben, auf dem steht: „Muss ich das jetzt tun?“ (Sie können „tun“ durch „entscheiden“ ersetzen).

Wenn mir eine unangenehme Aufgabe oder Entscheidung bevorsteht oder es gerade einfach zu viel wird, stelle ich mir diese Frage viermal (die Reihenfolge ist aber vollkommen egal) – jeweils mit unterschiedlicher Betonung:

» „***Muss*** ich das jetzt tun?“

Ist es wirklich notwendig, dass ich das jetzt tue? Oder will ich es jetzt gerade tun? Denke ich, ich sollte es jetzt tun? Oder denkt jemand anders, ich müsse das jetzt tun? Was, wenn ich es nicht tue? Was passiert dann schlimmstenfalls?

» „Muss ich ***das*** jetzt tun?“

Geht es momentan wirklich um diese bestimmte Sache? Oder geht es um etwas ganz anderes? Ist das wirklich das Thema?

» „Muss ***ich*** das jetzt tun?“

Oder könnte es eventuell auch jemand anders tun? Sollte es vielleicht sogar jemand anders tun? Oder darf es ausnahmsweise jemand anders tun?

» „Muss ich das ***jetzt*** tun?“

Ist jetzt der richtige Zeitpunkt dafür? Kann ich es verschieben? Wäre es vielleicht sogar besser, es zu verschieben? Kommt ein besserer Zeitpunkt?

Manchmal ist die Sache damit ganz schnell erledigt oder zumindest in eine Perspektive gerückt, in der für mich mehr Handlungsspielraum entsteht. Übrigens: „Ich treffe jetzt keine Entscheidung“ ist auch eine Entscheidung.

Wenn Sie Erfahrung mit Imaginationsübungen beispielsweise in Zusammenhang mit Yoga, Mediation oder autogenem Training haben, kann die folgende Übung für Sie eventuell hilfreich sein. Natürlich können Sie sie auch sonst ausprobieren:

Übung 3: Die Lichtbrücke

Suchen Sie sich einen Ort, an dem Sie die nächste Viertelstunde nicht gestört werden. Wenn Sie möchten, sprechen Sie sich den folgenden Text in Ihr Handy und hören Sie sich dann die Audio-Datei an. Eventuell fällt es Ihnen in der „Du"-Form dann auch noch leichter, sich auf die Übung einzulassen.

Setzen oder legen Sie sich bequem hin. Schließen Sie die Augen, atmen Sie tief ein und aus und spüren Sie, wo sich im Körper Verspannungen befinden. Wenn möglich lockern Sie diese ein wenig, zum Beispiel, indem Sie die Schultern, die Lendenwirbelsäule oder den Nacken ein wenig durchbewegen. Konzentrieren Sie sich auf Ihren Atem und kommen Sie zur Ruhe.

Richten Sie Ihre Aufmerksamkeit nun auf Ihr Herz. Stellen Sie sich vor, dass es zu leuchten beginnt. Welches Bild entsteht vor Ihrem inneren Auge? Ist es eher ein Glimmen oder ein intensives Strahlen? Welche Farbe hat das Licht? Pulsiert es oder schimmert es eher sanft?

Stellen Sie sich nun vor, Sie würden von vorne auf Ihr Herz schauen, stellen Sie sich vor, wie es leuchtend in Ihrem Brustkorb liegt. Lassen Sie nun vor Ihrem inneren Auge eine Brücke aus Licht entstehen, durch die Sie sich mit Ihrem Herz verbinden.

Stellen Sie sich nun entweder vor, dass Sie diese Brücke betreten und auf Ihr Herz zugehen oder stellen Sie eine Verbindung her, zum Beispiel zwischen Ihrem Herz und Ihrem Gehirn oder zwischen Herz und Augen, je nachdem, welches Bild sich für Sie passend anfühlt. Wenn Sie die Verbindung zu Ihrem Herzen gut spüren können, denken Sie an die Entscheidung, die Sie treffen müssen, und fragen Sie Ihr leuchtendes Herz beispielsweise „Fühlt es sich für Dich stimmig an?", „Kannst Du voll und ganz „Ja" sagen?"

Hier gilt das Gleiche, wie bereits weiter vorne beschrieben. Natürlich wird es immer schwer sein, dass Ihr Herz voll und ganz „Ja" sagt zu einer Entscheidung, die Sie natürlich niemals treffen würden, wenn es einen guten, schmerzfreien Ausweg gäbe. Schlimmstenfalls müssen Sie sich zwischen der „Pest" und der „Cholera" entscheiden. Dennoch kann das Befragen Ihres Herzens eine gute Basis sein, um im Anschluss die Entscheidung unter „vernünftigen" Aspekten zu beleuchten.

Konsens innerhalb der Familie finden

Wenn Sie Familie haben, werden Sie viele Entscheidungen gemeinsam treffen. Da kann es natürlich vorkommen, dass Sie unterschiedliche Meinungen und Vorstellungen haben. Bei der Konsensfindung kann es hilfreich sein, wenn Sie „große" Entscheidungen, sofern das möglich ist, in mehrere „kleine" Entscheidungen zerlegen und diese einzeln abstimmen. Versuchen Sie von den einzelnen Standpunkten und Positionen aus (zum Beispiel: Sie möchten, dass Ihr Hund im Garten beerdigt wird, Ihr Partner möchte lieber eine Urnenbeisetzung) eine Ebene tiefer zu gehen und zu fragen, welche Bedürfnisse dahinterstecken. Worum geht es Ihnen beiden genau und worum geht es zum Beispiel Ihrer Tochter genau, wenn sie die Urne lieber irgendwo hinstellen möchte, anstatt diese beizusetzen (beispielsweise darum, dass sie sie immer in der Nähe hat und auch mitnehmen kann, wenn sie einmal umzieht)? Formulieren Sie Lösungsvorschläge in einer Art „Brainstorming" – also erstmal nur sammeln, ohne zu bewerten. Es kann hilfreich sein, diese aufzuschreiben. Dann können Sie wie folgt abstimmen, zum Beispiel mit Ampelfarben oder ABC-Bewertung:

- Rot/C „Auf gar keinen Fall."
- Gelb/B = „Ja, aber ..."
- Grün/A = „Ich bin vollumfänglich einverstanden"

Rot/mit C markierte Lösungsideen werden sofort aussortiert, bei gelben/B kann man diskutieren, was es bräuchte, um daraus ein „Grün/A" zu machen.

Irren ist menschlich

Egal wie viel Mühe Sie sich geben: eine Garantie für gute und richtige Entscheidungen gibt es nicht. Versuchen Sie sich zu verzeihen, wenn sich eine Entscheidung im Nachhinein als ungünstig oder falsch herausstellt. Versuchen Sie vielleicht, sich etwas zu sagen wie: „Ich habe mir die Entscheidung nicht leicht gemacht. Alles, was ich in Erfahrung bringen konnte, habe ich durchdacht. Ich habe mein Bestes gegeben, um eine richtige Entscheidung zu treffen und auf meinen Bauch und mein Herz gehört. Ich habe auch die Wünsche und Bedürfnisse aller anderen Beteiligten gehört und berücksichtigt. Ich kann nicht in die Zukunft sehen und alle Konsequenzen meiner Entscheidung vollkommen abschätzen. Entscheiden bedeutet Verzicht. Verzicht auf die Alternativen. Ich übernehme die Verantwortung und werde lernen, das Beste aus der Situation zu machen."

3

Sterben, Tod und Abschied – Gedanken über Weg und Ziel

Der Tod benutzt den Hinterausgang

Tod, Sterben und Trauer sind nach wie vor Tabuthemen in unserer Gesellschaft. Es tut sich da etwas, zugegeben, und das ist gut so. Inzwischen spricht man zumindest etwas offener darüber und setzt sich beispielsweise insofern damit auseinander, dass immer mehr Menschen Vorsorge im Sinne einer Patientenverfügung oder Sterbeversicherung treffen. In der Palliativ- und Hospizversorgung und auch im Bestattungswesen gibt es inzwischen einige Ansätze, die einen offeneren und unmittelbareren Umgang mit dem Lebensende fördern.

Dennoch steht der Tod immer noch ziemlich am Rande unserer Gesellschaft und unserer Aufmerksamkeit. Beispielsweise findet, im Gegensatz zu früher, Sterben kaum noch zu Hause und im Kreise der Familie statt. In den meisten Fällen geschieht dies außerhalb unseres Blickfeldes – in Kliniken, Pflegeheimen oder Hospizen. Während früher der Leichnam für mehrere Tage feierlich im Haus aufgebahrt wurde, es Totenwachen, Abschiedsrituale und Ähnliches gab, verschwindet heute der tote Körper möglichst unsichtbar aus dem Hinterausgang der jeweiligen Einrichtung. Das ist nun sicher etwas plakativ und schwarz-weiß dargestellt, dennoch kann man wohl sagen, dass der Tod bei uns keinen guten Stand hat. Obwohl er das Einzige ist, was uns allen mit absoluter Sicherheit widerfahren wird, etwas, das uns mit wirklich *allen* Lebewesen eint.

Ein Bild entsteht durch Licht und Schatten

Eines der wichtigsten Gesetze, nach denen unser Leben funktioniert, ist – neben zum Beispiel dem der Resonanz und dem des Rhythmus – das Gesetz der Polarität. Ohne Schatten gibt es kein Licht, ohne Minus kein Plus, ohne Ying kein Yang. Und ohne Tod kein Leben. Im Zen-Buddhismus gibt es den Begriff „shoji", der wörtlich übersetzt „Geburt-Tod" heißt und damit auf die untrennbare Verbindung verweist. Ohne Gewahrsein für den Tod können wir gar nicht lebendig sein. So wie ein Bild erst durch den Kontrast von Licht und Schatten entsteht. Gäbe es diesen nicht, könnten wir gar nichts darauf erkennen.

Nun verwenden wir Menschen einen sehr großen Teil unserer Energie darauf, den Lauf der Dinge kontrollieren zu wollen, das vermeintlich „Schlechte" zu vermeiden und das „Gute" zu fördern. Tatsache ist jedoch, dass das eine ohne das andere nicht existieren kann.

Aus diesem Grund kann die Auseinandersetzung mit dem Tod, ein Sich-Einlassen auf seine Unabwendbarkeit, ein wirklich großes, wertvolles und natürlich sehr individuelles Geschenk für das Leben jedes Einzelnen sein.

Über die Geduld

Man muss den Dingen
die eigene, stille
ungestörte Entwicklung lassen,
die tief von innen kommt
und durch nichts gedrängt
oder beschleunigt werden kann,
alles ist Austragen – und
dann Gebären.

Reifen wie der Baum,
der seine Säfte nicht drängt
und getrost in den Stürmen des Frühlings steht,
ohne Angst,
dass dahinter kein Sommer
kommen könnte.

Er kommt doch!

Aber er kommt nur zu den Geduldigen,
die da sind, als ob die Ewigkeit
vor ihnen läge,
so sorglos, still und weit.

Man muss Geduld haben
mit dem Ungelösten im Herzen,
und versuchen, die Fragen selber lieb zu haben,
wie verschlossene Stuben,
und wie Bücher, die in einer sehr fremden Sprache
geschrieben sind.

Es handelt sich darum, alles zu leben.
Wenn man die Fragen lebt, lebt man vielleicht allmählich,
ohne es zu merken,
eines fremden Tages
in die Antworten hinein.

(Rainer Maria Rilke)

Kostbare Zeit

„Und nicht, dass wir um Wege wissen,
wird uns weiterbringen,
sondern dass wir uns auf sie einlassen."
(Johanna Domek)

Im Vorwort zu Frank Ostaseskis Buch „Die fünf Einladungen" zitiert Dr. Rachel Naomi Remen ihren Großvater, indem sie schreibt: „Ein Lehrer ist kein Weiser, sondern jemand, der unsere Aufmerksamkeit auf die uns umgebende Wirklichkeit lenkt." So betrachtet kann der Tod uns ein hervorragender Lehrmeister sein. Zu wissen, dass die verbleibende Zeit begrenzt ist, kann dazu führen, dass unserer Sinne gleichsam geschärft werden, und wir, das, was wir noch gemeinsam erleben dürfen, viel detaillierter und deutlicher wahrnehmen. Es geht darum, den Moment auszukosten und ganz bewusst wahrzunehmen, was wir mit- und aneinander haben. Denn das heute Erlebte sind die Erinnerungen von morgen – die uns stützen und begleiten sollen in der Zeit „danach".

Grundsätzlich wissen wir natürlich alle, dass unser Leben und auch das unserer Hunde endlich ist. Doch wenn dieses Ende plötzlich in (un) fassbare Nähe rückt, verschiebt dies den Fokus und unsere Prioritäten.

Der Tod konfrontiert uns mit unseren existenziellsten Ängsten und damit, dass wir nichts festhalten können. Was ist wirklich wichtig und was nicht? Was soll unbedingt noch geschehen, was will noch gelebt werden?

In der Begleitung unseres Hundes auf seinem letzten Weg wird sich auch unser Blick auf uns selbst schärfen. Eventuell entdecken wir neue Seiten an uns, erleben uns auf eine ungeahnte Art und Weise und wachsen über uns selbst hinaus. Vielleicht bekommen wir auf dem Grund von Hilflosigkeit und Ausgeliefertsein eine Ahnung davon, was Freiheit ist.

Was macht die Vorstellung vom Tod so schrecklich?

„Die Liebe und der Tod sind die größten Geschenke an die Menschen. Meistens werden sie ungeöffnet weitergegeben."
(unbekannt)

Für den einen ist es die Ungewissheit: „Tut sterben weh? Werde ich Angst empfinden?" Man kennt Begriffe wie „Todeskampf" und „Todesqual". Und was kommt danach? Kommt danach überhaupt etwas? Für den anderen ist es vielleicht das Thema „Loslassen". Was muss ich hier zurücklassen? Angefangen bei materiellen Dingen wie Besitz und Eigentum über geliebte Menschen und Tiere bis hin zu lieben Gewohnheiten und ungelebtem Leben. Tatsächlich bereuen Menschen an ihrem Lebensende mit am häufigsten das, was sie *nicht* getan haben.

Ein weiteres wichtiges Thema, das Sterbende umtreibt, sind „offene Rechnungen" und Schuldgefühle: „Was hätte noch geklärt oder gesagt werden müssen? Was habe ich mir oder anderen bisher nicht verziehen?"

All diese Fragen führen dazu, dass für uns Menschen die Vorstellung von Sterben und Tod oft automatisch mit „Leid" verbunden ist. Doch dazu später noch etwas mehr.

Sterben heißt sich hingeben. Es ist so viel mehr „Lassen" als „Tun". Zulassen, sich einlassen, sein lassen, loslassen. Etwas, in dem wir Menschen – im Gegensatz zu unseren Hunden – eher nicht besonders gut sind. Wir bewerten, planen, beherrschen und kontrollieren.

Aber so wie sich der Tod in keinem Fall vermeiden lassen wird, lässt sich auch ein natürlicher Sterbeprozess – ebenso wie eine natürliche Geburt – nicht kontrollieren. Einmal in Gang gesetzt, gehen sie ihrem Ziel entgegen: dem Beginn oder dem Ende eines Lebens auf Erden.

An dieser Stelle möchte ich Sie gerne wieder zu einer kleinen Selbstreflexion anregen. Welche Vorstellung vom Tod – und vom Sterben und dem, was danach kommen könnte – Sie ganz persönlich haben, wird maßgeblich Ihren Umgang mit ihm prägen, wenn Sie ihm begegnen.

Selbstreflexion: „Meine persönliche Einstellung zu Tod und Sterben“

» Habe ich schon einmal einen Menschen oder ein Tier beim Sterben begleitet? Wie war diese Erfahrung für mich?

» Wie ist meine Einstellung zu (meinem eigenen) Sterben und Tod?

» Ist das Thema „Sterben und Tod“ für mich mit dem Gedanken an Leid verknüpft?

» Gibt es eine friedliche Vorstellung zu diesem Thema, die mich trägt und beruhigt?

» Habe ich ein persönliches Bild von einem „Danach“?

» Was macht die Vorstellung vom Tod meines Hundes mit mir? Welche Gedanken und Gefühle sind da?

» Was ist für mich der wichtigste Aspekt?

» Was wünsche ich meinem Hund für sein Sterben und seinen Tod?

» Was wünsche ich mir dafür?

Was ist Sterben?

Ein Schiff segelt hinaus und ich beobachte
wie es am Horizont verschwindet.
Jemand an meiner Seite sagt: »Es ist verschwunden.«
Verschwunden wohin?
Verschwunden aus meinem Blickfeld – das ist alles.

Das Schiff ist nach wie vor so groß wie es war,
als ich es gesehen habe.
Dass es immer kleiner wird und es dann völlig aus
meinen Augen verschwindet ist in mir,
es hat mit dem Schiff nichts zu tun.

Und gerade in dem Moment, wenn jemand neben
mir sagt: „Es ist verschwunden.", gibt es andere,
die es kommen sehen, und andere Stimmen,
die freudig aufschreien: »Da kommt es!«
Das ist Sterben.

(Charles Henry Brent)

Darf mein Hund sterben?

Ob aus heiterem Himmel oder aus einem, an dem schon Wolken aufgezogen waren: das Wissen darum, dass Ihr Hund an einer unheilbaren Erkrankung leidet oder ein akutes Ereignis nicht überleben wird, ist ein „Schlag in die Magengrube" und zieht Ihnen „den Boden unter den Füßen weg". Nun beginnt eine Achterbahnfahrt der Gefühle – und hier beginnt auch bereits Ihr Trauerprozess.

Die bekannte Schweizer Sterbeforscherin Elisabeth Kübler-Ross hat fünf Sterbephasen definiert, die in ganz ähnlicher Form auch als Phasen der Trauer und der Krankheitsbewältigung bekannt sind. Allen gemeinsam ist, dass es um das „Coping" (engl. to cope = mit etwas fertig werden), also dem Anpassungsprozess an ein lebensveränderndes Ereignis geht. Dies kann also zum Beispiel auch Umstände wie eine Trennung, den Verlust des Arbeitsplatzes oder im Kontext dieses Buches die Erkenntnis, dass Ihr Hund an einer unheilbaren Erkrankung leidet, oder seinen plötzlichen Tod betreffen.

Die Coping-Phasen (im ungefähren Wortlaut) und mögliche Gedanken:

1. **Nicht-Wahrhaben-Wollen**
   „Das muss ein Irrtum sein. Vielleicht sind Untersuchungsergebnisse vertauscht worden?"

2. **Wut**
   „Warum ausgerechnet mein Hund? Er hat niemandem etwas getan, er hatte es eh schon so schwer und war nun endlich auf einem guten Weg."

3. **Verhandeln**
   „Wenn ich von nun an nur noch das teuerste Futter kaufe und ihn nicht mehr alleine zu Hause lasse, dann wird er wieder gesund."

4. Depression
„Das hat doch alles keinen Sinn mehr, vielleicht ist es besser, er stirbt gleich."

5. Zustimmung
„Es ist, wie es ist. Wir werden versuchen, das Beste daraus zu machen und die verbleibende Zeit so gut wie möglich genießen."

Wichtig in diesem Zusammenhang ist, dass die Phasen nicht zwangsläufig in dieser Reihenfolge ablaufen müssen, es können Phasen ganz ausfallen, während andere sich im Verlauf des Prozesses wiederholen. Auch über die Dauer lässt sich keine generelle Aussage treffen. Zu Beginn steht vielleicht eine Phase der Schocks, in der Sie gar nichts spüren.

Sie sagen jetzt vielleicht mit Blick auf den fünften Punkt: „Aber, ich werde doch niemals zustimmen können, dass mein Hund sterben muss." Vielleicht viel zu früh, vielleicht durch eine schicksalhafte Begebenheit wie einen Unfall. Da haben Sie Recht, das wäre auch zu viel verlangt.

Vielleicht könnte man diese letzte Phase „das Anerkennen der Realität, das Annehmen des Schicksals" nennen. Akzeptanz ist nicht Resignation. Es ist eine Öffnung hin zu den Möglichkeiten. Und wenn ich deren Grenzen erkenne, kann ich meine Kraft statt in Widerstand und Abwehr vielleicht eher in die Gestaltung des sich darin öffnenden Raumes stecken.

Das Prinzip Hoffnung

Zum Thema Hoffnung gibt es viele bekannte Zitate. Angefangen bei „Die Hoffnung stirbt zuletzt" über „Hoffnung darf man immer haben" bis hin zu dem Ausspruch von Vaclav Havel: „Hoffnung ist nicht die Überzeugung, dass etwas gut ausgeht, sondern die Gewissheit, dass etwas Sinn hat, egal wie es ausgeht."

Im Zusammenhang mit schwerer Krankheit und Sterben heißt es immer wieder, man dürfe niemandem die Hoffnung nehmen oder die Betroffenen dürften die Hoffnung nicht aufgeben.

Hoffnung ist in der Tat eine starke Kraft – wenn sie nicht mit Illusionen verwechselt oder ausschließlich aus der eigenen Angst genährt wird. Echte Hoffnung basiert auf der Kenntnis und dem Anerkennen der Fakten. Dann kann sie uns trotz des Schmerzes an die Möglichkeit eines guten Verlaufs und eines guten Ausgangs – an das Leichte im Schweren – glauben lassen und uns daran erinnern, wie kostbar die verbleibende gemeinsame Zeit ist.

Zwischen Fürsorge und Überforderung

Wenn Sie an den bevorstehenden Tod Ihres Hundes denken, dann spüren Sie mit ziemlicher Sicherheit Traurigkeit und Angst. Wenn Sie Ihren Hund über einen längeren Zeitraum begleiten und pflegen, dann begegnen Sie jedoch gegebenenfalls aber auch noch ganz anderen Gefühlen, für die Sie sich vielleicht schämen oder sich schuldig fühlen. Zum Beispiel Gefühlen wie Ekel und Wut.

„Bin ich egoistisch? Bin ich herzlos? Liebe ich ihn nicht genug?" werden Sie sich gegebenenfalls fragen, wenn Sie sich nach einer weiteren durchwachten Nacht dabei ertappen, dass Sie sich manchmal vielleicht sogar wünschen, es möge nun bald vorbei sein. Sie müssten nicht länger rat- und hilflos danebenstehen und warten, bis das Schmerzmittel wirkt, was es eventuell immer schlechter tut. Nicht mit Argusaugen über immer neue Symptome wachen. Nicht immer wieder abwägen müssen, ob Sie richtig einschätzen, wie es Ihrem Hund gerade geht, ob es nur eine vorübergehende schlechte Phase ist oder ob dies die Anzeichen dafür sind, dass der Moment nun gekommen ist.

Vielleicht nagen Schuldgefühle an Ihnen, wenn Sie nach Wochen einmal wieder mit einem Freund oder einer Freundin im Café sitzen und für ein paar Stunden einfach mal abschalten, lachen, eine gute Zeit haben und Ihnen dann wieder einfällt, dass Ihre Nachbarin gerade auf Ihren Hund aufpasst. Was, wenn es ihm in der Zeit besonders schlecht geht oder etwas Schlimmes passiert?

Seien Sie versichert, dass dies vollkommen normal ist und auch so sein darf. Vielleicht kennen Sie ein ähnliches Empfinden aus der Zeit, als Ihr Hund noch ein Welpe war, als Sie den Tierschutzhund eingewöhnt haben, der bis dahin nur das Leben im Zwinger oder auf der Straße kannte – oder aus der Zeit, als Ihre Kinder klein waren. Der entscheidende – emotionale – Unterschied ist allerdings der, dass die Zeit und die Energie, die Sie damals aufgewandt haben, sich voll und ganz auf eine gemeinsame Zukunft, auf gemeinsame Entwicklung, auf *Leben* ausgerichtet hat, wohingegen nun über allem ein stetiges Wenigerwerden, Abschied und Tod steht. Nicht zuletzt konfrontiert Sie der zunehmende Verfall Ihres Hundes auch mit Ihrer eigenen Vergänglichkeit und mit Ihrem eigenen Tod.

Vielleicht gelingt es Ihnen in wohlwollenden Momenten, sich selbst zuzugestehen, dass eine solche Situation auf Dauer zu einer Überforderung führen kann und Ihre Gefühle nichts mit mangelnder Liebe zu tun haben.

Willkommen im Kabinett der Gefühle

Das Wort »Kabinett« kommt aus dem Französischen und heißt eigentlich »kleines intimes Zimmer«. Früher war das Kabinett ein kleiner Kreis von Beratern, die der König um sich versammelte.

Ganz ähnlich können Sie sich die Situation vorstellen, wenn Sie Ihren Hund auf dem letzten Stück des gemeinsamen Weges begleiten. Wobei das „kleine intime Zimmer" hier als Metapher für Ihr Herz und Ihren Bauch – sprich: für Ihre Gefühlswelt – gelten soll.

Ein Bespiel für eine „Kabinettssitzung":

Da ist zunächst dieser große, bedrohlich wirkende Berater, der sagt: „Bald ist es so weit, Euch bleibt nicht mehr viel Zeit." oder „Du könntest etwas falsch machen." Das ist die Angst. Oder der kraftlos in seinem Stuhl hängende Berater, der sagt: „Ich weiß überhaupt nicht, was ich raten soll", das ist die Hilflosigkeit. Die Traurigkeit schluchzt: „Ich ertrage es nicht, ihn so zu sehen und kann mir ein Leben ohne ihn überhaupt nicht vorstellen." Mit erhobenem Zeigefinger lugt die Schuld zur Tür herein, die Wut tobt schreiend durch den Raum: „Ich halte das nicht mehr aus!"

Nun denken Sie sich vielleicht: „Was sollen denn das für Berater sein, die würde ich ja alle sofort rausschmeißen."

Die schlechte Nachricht ist: Rausgeschmissene Berater kommen mit ziemlicher Sicherheit durch die Hintertür wieder rein. Durchaus mehrfach – und früher oder später auch „mit Pauken und Trompeten", um sich endlich Gehör verschaffen.

Die gerade angesprochenen Gefühle können äußerst unangenehm sein. Dennoch gilt: Gefühle an sich sind immer gut. Tatsächlich gibt es keine schlechten Gefühle. Gefühle möchten uns etwas sagen. Sie wollen uns auf etwas hinweisen, das sehr wichtig für uns ist. Oft ist ihre ganz ursprüngliche Funktion die, uns vor etwas Bedrohlichem oder Schädlichem zu schützen.

Mitunter sprechen sie allerdings sehr leise, verstecken sich hintereinander oder hinter einem Gedanken – oder sie maskieren sich als körperliche Symptome. Manchmal trampeln und schreien sie aber auch aus voller Kraft, jedoch zum Teil in einer zunächst unverständlichen Sprache.

Die gute Nachricht ist: Sie sind immer noch der König. Und damit derjenige, der den Beratern das Wort erteilt. Zugegeben, selbst für einen König erfordert es eine Menge Mut, sich unangenehmen Gefühlen wie Angst und Trauer zuzuwenden und zu fragen: „Was möchtest Du mir sagen, was willst Du von mir?" Doch je früher das gelingt, umso sanfter können Sie damit umgehen.

„Die beste Mutter
sorgt zuerst
für sich selbst."

(unbekannt)

So könnte es beispielsweise sein, dass die Angst Ihnen sagen möchte, wieviel Ihnen Ihr Hund bedeutet und wie sehr Sie sein Bestes wollen. Ungeduld und Ärger möchten Sie - wie im letzten Abschnitt angesprochen - möglicherweise darauf hinweisen, dass Ihre persönlichen Grenzen der Belastbarkeit erreicht sind, und es dringend an der Zeit ist, dass Sie für sich selbst etwas tun, um Ihre „Akkus aufzuladen". Hier geht es also um Ihre Bedürfnisse und damit um Selbstfürsorge. Die essenziell wichtig ist. Unter anderem auch dafür, dass Sie bei Kräften bleiben, um Ihren Liebling gut versorgen zu können. Wenn Sie zusammenbrechen, ist niemandem geholfen.

Selbstreflexion: „Kabinett der Gefühle"

Wenn ich mich auf das Bild des „Kabinetts der Gefühle" einlasse und mich selbst in diesem Zimmer sitzen sehe, welche „Berater" fallen mir spontan ein, und was sagen diese? Worauf könnten diese Berater mich hinweisen wollen?

In den nächsten Kapiteln soll es nun um verschiedene Abschiedsszenarien gehen, zunächst um die besonders schwierigen Situationen, in denen der Abschied von Ihrem Hund überstürzt stattfinden muss oder sogar unmöglich ist.

4

Achtung, Absturzgefahr! – wenn der Weg jäh endet

Unfall oder schwere Verletzung des Hundes

Verkehrsunfälle sind eine häufige Ursache für schwere Verletzungen oder den Tod eines Hundes. Hinzu können Verletzungen in der Freizeit oder im Sport oder zum Beispiel bei Arbeitseinsätzen des Hundes kommen. In einem solchen Fall beginnt entweder ein Wettrennen gegen die Zeit oder Sie bekommen gar nicht mehr die Chance, überhaupt loszulaufen. Es liegt nahe, dass es gerade diese Situationen sind, in denen es hilfreich sein kann, vieles schon einmal durchdacht zu haben und zu wissen, was Ihnen und weiteren Angehörigen – im

Checkliste: „Notfall"

☑ **Telefonnummern Tierarzt / Tierklinik:**
Speichern Sie sich die Telefonnummer von Tierärzten und Tierkliniken in Ihrem Handy ab, haben Sie dieses dabei, wenn Sie mit Ihrem Hund unterwegs sind. Speichern Sie entsprechende Adressen als Favoriten in Ihrem Navigationssystem ab.

☑ **Webseite / Telefonnummern Notdienst:**
Speichern Sie sich auch die Website oder Telefonnummer ab, auf der Sie aktuelle Informationen darüber finden, welcher Tierarzt Notdienst hat. In manchen großen Städten, wie zum Beispiel München, gibt es sogar einen Rettungswagen für Tiere.

☑ **Erste-Hilfe-Kurs:**
Was sich in jedem Fall empfiehlt, ist ein Erste-Hilfe-Kurs für Hundehalter. In diesen erlernen Sie beispielsweise die Erstversorgung von Verletzungen, die Beurteilung von Puls und Atemtätigkeit sowie Beatmung und Herzdruckmassage. Und Sie lernen, wie man aus einer Mullbinde einen „Maulkorb" bindet, was bei einem schwer verletzten Tier durchaus

Rahmen der verbleibenden Entscheidungsmöglichkeiten – wichtig ist. Hiermit meine ich beispielsweise Themen wie Ihre Wünsche bezüglich des Umgangs mit dem Körper des toten Hundes (siehe Kapitel 7). Natürlich kann man sich im Leben nicht auf jeden eventuell eintretenden Notfall vorbereiten, aber es kann dennoch gut sein, ein paar Dinge zu bedenken.

Im Folgenden ein paar Tipps, die vielleicht dazu beitragen können, das Schlimmste zu verhindern beziehungsweise im Notfall gut gewappnet zu sein:

wichtig werden kann. Kurse werden sowohl in Präsenz als auch online von verschiedenen Veranstaltern angeboten.

☑ **Telefonnummern von bekannten Hundebesitzern:**
Bei uns im Dorf haben wir Hundebesitzer, die wir uns immer wieder auf der Gassirunde treffen, unsere Handy-Nummern ausgetauscht. So können wir uns gegenseitig zur Hilfe kommen, wenn einer von uns, wie zum Beispiel ich vor nicht allzu langer Zeit mit einem stark blutenden, nicht gehfähigen Hund „mitten in der Pampa" steht und jemanden braucht, der in dort auf der Wiese abholt und zum diensthabenden Tierarzt oder in die Tierklinik fährt.

☑ **Verbandstasche:**
Auf längeren Wanderungen haben wir eine Verbandstasche dabei. Es gibt diese im praktischen Format als Fahrradverbandspäckchen. Unter anderem, weil Hundepfoten und -krallen gerade in schwierigem Gelände durchaus anfällig für Verletzungen sein können, haben wir zusätzlich noch viel Watte hineingestopft. So könnten wir gegebenenfalls einen Pfotenverband machen, mit dem der Hund auch noch ein Stück laufen kann.

Wussten Sie, dass auch Tiere Blut spenden können? Anton ist beispielsweise in der hiesigen großen Tierklinik als Blutspender registriert und durfte auch schon einmal durch seine Spende einem anderen Hund das Leben retten. Er bekam in einer kurzen Sedierung („Schlafspritze") aus einer großen Halsvene 400 ml Blut abgenommen und war 20 Minuten später schon wieder fit.

Bei der Registrierung bekommen Sie eine Blutgruppenbestimmung und ein großes Blutbild umsonst, auch für die Spende selbst bekommen Sie in der Regel ein kleines Dankeschön von der Klinik. Aber das ist ja eigentlich gar nicht so wichtig, finde ich. Für uns war es ein sehr gutes Gefühl, in einer Notfallsituation helfen zu können, nicht zuletzt, weil wir selbst so ein Exemplar haben, dass es immer mal wieder darauf anlegt, auf der Empfängerseite zu landen.

Und ganz am Rande bemerkt: falls Ihr Hund noch jung ist, wenn er zu Ihnen kommt, kann es sich lohnen, über eine Krankenversicherung für Tiere nachzudenken. Die Beiträge und Leistungen sind sehr unterschiedlich, hier lohnt es sich gegebenenfalls, sich ausführlich zu informieren oder sich Tipps von anderen Tierbesitzern zu holen.

Plötzliche schwere Erkrankung des Hundes

Magendrehung, epileptischer Anfall, Gift(köder) oder Ruptur („Platzen") eines Tumors mit starken inneren Blutungen – eigentlich will ich hier gar nicht mehr Beispiele nennen, denn bestimmt fällt Ihnen selbst das eine oder andere „Horrorszenario" ein.

Bei dieser Art von Notfall gilt das Gleiche wie im Absatz oben. Es ist von großem Vorteil, wenn Sie in einer Situation, in der Minuten gegebenenfalls über Leben und Tod entscheiden, nicht nach Telefonnummern suchen oder etwas ins Navigationssystem eingeben müssen. Versuchen Sie bestenfalls eine Begleitperson mitzunehmen, die entweder fährt oder sich um das verletzte oder kranke Tier kümmert.

Rufen Sie von unterwegs beim Tierarzt oder der Tierklinik an, die Sie anfahren, und erklären Sie, worum es geht – wenn Sie es wissen oder einen Verdacht haben.

Gerade in den in den beiden letzten Kapiteln angesprochenen Situationen kann es von großem Vorteil sein, wenn Sie sich mit dem Tod Ihres Tieres und Ihrem Umgang damit bereits Gedanken gemacht und „einen Plan" haben. Denn für den Fall, dass das Leben Ihres Tieres nicht mehr gerettet werden kann, ist es gut, wenn Sie bereits Klarheit und Konsens über das weitere Vorgehen haben. Bestenfalls sogar schriftlich fixiert, damit Sie in der emotionalen Ausnahmesituation nichts Wichtiges vergessen.

Nach dem plötzlichen, im Extremfall sogar gewaltsamen Tod Ihres Hundes ist es in Hinblick auf den sich anschließenden Trauer- und Verarbeitungsprozess besonders wichtig, dass Sie in Ruhe Abschied nehmen und dies bestenfalls auch anderen Bezugspersonen und -tieren ermöglichen. Mehr dazu lesen Sie im sechsten Kapitel.

Wenn der Hund verschwindet

Die offene Gartenpforte, der unerfahrene Hundesitter, das Reh, die läufige Hündin oder die Silvesterböller. Von Diebstahl einmal ganz abgesehen. Es gibt viele Ereignisse, die dazu führen können, dass der Hund wegläuft und gegebenenfalls nicht mehr zurückkehrt. Natürlich wissen wir alle grundsätzlich, wie jedes einzelne der oben genannten Szenarien zu vermeiden wäre. Würde allerdings immer alles so funktionieren, wie es geplant ist, gäbe es keine Unglücksfälle. Im Folgenden soll es also weniger darum gehen, gute Ratschläge zu geben oder Fahrlässigkeit zu unterstellen, als darum, was Sie tun können, wenn es denn passiert ist (beziehungsweise welche grundlegenden Vorkehrungen Sie treffen können) – über das Aufhängen von Vermisstenplakaten und Aufrufen in den sozialen Medien hinaus.

Checkliste: „Verschwinden des Hundes“

☑ **Tierregister:**

Lassen Sie Ihren Hund in einem Tierregister registrieren. Eines der größten und bekanntesten ist Tasso e.V.. Voraussetzung für die Registrierung ist die Kennzeichnung Ihres Tieres durch einen implantierten Transponder (Chip) oder eine Tätowierung. Der Chip kann ohne Narkose – meist im Halsbereich – unter die Haut geschoben werden, eine Tätowierung wird meist im Ohr gemacht. Der Chip enthält einen 15-stelligen Code, der mit einem Lesegerät ausgelesen werden kann. Tierärzte, Tierheime und Tierschutzorganisationen haben ein solches Lesegerät, und so kann ein Fundtier – insofern es auch registriert ist – schnell seinem Besitzer zugeordnet werden. Der Vorteil des Chips ist zum Beispiel, dass Ihr Tier auch dann identifiziert werden kann, wenn es ohne Geschirr oder Halsband und der daran eventuell befestigten Marke (mit Ihrer Telefonnummer oder Registernummer) aufgefunden wird. Näheres dazu erfahren Sie auf den Websites der Tierregister.

☑ **GPS-Tracker:**

Diese kleinen „Peilsender“ gibt es von verschiedenen Herstellern. Sie werden an Geschirr oder Halsband befestigt und sind in der Regel wasserdicht. Verbunden mit einer App können Sie Ihren Hund so nicht nur live orten, manche Geräte verfügen auch über einen Signalton und Lichtsignale. Genaueres dazu und was die Geräte sonst noch können, erfahren Sie auf den Herstellerseiten. Es ist übrigens auch möglich, Ihren GPS-Tracker mit einer speziellen App von Tasso zu verbinden. Dann können Sie das Ortungssignal für Suchhelfer freischalten.

☑ **Tiersuchhilfe:**

Es gibt eine Reihe lokaler Tiersuchhilfen, die mit ehrenamtlichen Helfern, Wildkameras, Lebendfallen etc. bei der Suche unterstützen. Eine kleine Internetrecherche wird Ihnen zeigen, was diesbezüglich in Ihrer Region angeboten wird.

☑ **Pettrailer:**

Ein Pettrailer ist das Pendant zum Mantrailer, also ein speziell ausgebildeter Suchhund, der anhand des Individualgeruchs gezielt – in diesem Fall nach einem Tier – sucht. Damit der Pettrailer, sollte er zum Einsatz kommen, beste Voraussetzungen hat, kann es sinnvoll sein, gut brauchbare Geruchsproben parat zu haben. Eine solche Probe zeichnet sich dadurch aus, dass ihr möglichst wirklich nur Geruch des vermissten Tieres anhaftet. Das ist gar nicht so einfach, besonders dann nicht, wenn mehrere Tiere in Ihrem Haushalt leben, die sich Liegeplätze und Spielzeug teilen. Um eine Probe herzustellen, eignen sich zum Beispiel Mundpflegestäbchen, Q-Tipps oder Gaze aus dem Verbandskasten. Reiben Sie diese am Tier (am besten tragen Sie dabei Einmalhandschuhe) und verpacken Sie sie dann zunächst in einem Gefrierbeutel. Diesen stecken Sie in ein sauberes Glas, ziehen Frischhaltefolie über die Öffnung und verschließen es dann mit einem Deckel. Kennzeichen Sie es mit einem haltbaren Stift mit Namen und Datum. Die so hergestellte Probe sollte 1–3 Jahre verwendbar sein. Fassen Sie auch bei der Übergabe des Glases an den Suchhundeführer dieses nur mit Handschuhen an und achten Sie darauf, dass möglichst niemand anderes mit dem Glas in Kontakt kommt. (https://mantrailer-pettrailer.eu/)

☑ **Tierheime:**

Selbst wenn Ihr Tier gechipt und registriert ist, kann es nicht schaden, bei den lokalen Tierheimen nachzufragen.

☑ **Polizei, Bauhof, Straßenmeisterei:**

Leider kann es auch sein, dass ein vermisstes Tier auf seinem Alleingang verunglückt. Fragen Sie deswegen gegebenenfalls auch bei Polizei, Bauhof und Straßenmeisterei nach, ob eventuell ein toter Hund gefunden wurde.

Der unmögliche Abschied – mit der Ungewissheit leben

Bleibt Ihr Hund vermisst, befinden Sie sich möglicherweise über einen sehr langen Zeitraum in einem Strudel aus Angst, Hoffnung, Aktionismus, Verzweiflung, Trauer, Vorwürfen an sich selbst oder andere. Das ist zermürbend. Ab einem bestimmten Punkt wäre die Gewissheit über den Tod des vermissten Hundes vermutlich leichter zu ertragen als das Gefangensein in dieser Gefühlsspirale.

Bleibt der Hund verschwunden, ohne, dass Sie jemals etwas über seinen Verbleib und sein Schicksal erfahren, ist dies mit Sicherheit eine der schwierigsten Situationen, die eintreten können – auch in Bezug auf Abschied und Trauer. Denn so gibt es weder einen klaren Endpunkt für Ihre Hoffnungen noch einen klaren Startpunkt für Ihren Trauerprozess. In dem Moment, in dem Sie sich entscheiden zu trauern, würde dies ja bedeuten, dass Sie die Hoffnung aufgegeben haben und nun die Suche nach Ihrem Liebling einstellen. Kann es dafür einen richtigen Zeitpunkt geben? Woran sollten Sie diesen festmachen?

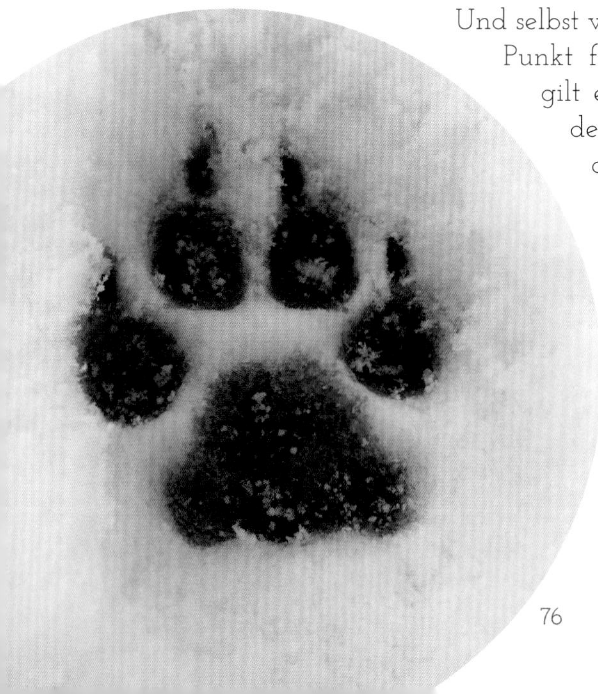

Und selbst wenn Sie sich an einem gewissen Punkt fürs Trauern entscheiden, dann gilt es, ein Bild, eine Idee bezüglich des Schicksals Ihres Hundes zu finden, von wo aus Sie Ihren Trauerprozess starten und mit dem Sie zukünftig leben können.

Die hier besprochene ist definitiv eine Situation, in der die Grenzen dieses Buches erreicht sind und jeder einfache Ratschlag fehl am Platz wäre.

Vermutlich sind Sie mit intensiven Gefühlen konfrontiert, zu denen übrigens auch eine ausgeprägte Wut und Enttäuschung gegenüber Ihrem Hund, der „einfach weggelaufen ist" gehören können, so irrational das klingen mag. Eventuell sind Sie im nicht enden wollenden Grübeln darüber gefangen, wie „das passieren konnte" und Gedanken wie „Hätte ich doch (nicht)..." oder „Was wäre gewesen, wenn (nicht)...?" Im individuellen Fall stehen vielleicht massive Schuldzuweisungen an Sie selbst oder an andere im Raum, gegebenenfalls verbunden mit dem Wunsch und der Forderung nach Sühne, Buße oder Strafe. Eine äußerst belastende Situation, in der Sie sich nicht scheuen sollten, auch professionelle psychologische Hilfe in Anspruch zu nehmen.

Wenn der Hund zurückbleibt

Natürlich kann auch der umgekehrte Fall eintreten und Ihnen selbst kann etwas Unvorhergesehenes zustoßen, das es kurz-, mittel- oder langfristig nicht erlaubt, dass Sie Ihren Hund weiterhin versorgen. Wenn Sie bereits älter sind, wenn Sie einen Hund zu sich nehmen, wird eine „Vorsorge" sogar teilweise von Züchtern oder Tierschutzorganisationen verlangt. In jedem Fall ist es sinnvoll, das Szenario zu durchdenken – egal, wie alt Sie sind.

Gibt es jemanden, der Ihren Hund bei einer kurzfristig auftretenden Erkrankung, einem Unfall oder einem Krankenhaus- oder Kuraufenthalt versorgen kann? Wie kann diese Person ausfindig gemacht werden, wenn Sie selbst eventuell nicht ansprechbar sind?

Hierfür gibt es Notfallausweise, die Sie in Ihrem Geldbeutel (oder am Schlüsselbund) aufbewahren können. Meiner steckt direkt vor meinem Personalausweis und auf ihm ist meine Nachbarin eingetragen, die einen Schlüssel zu unserem Haus hat und Anton im Notfall versorgen würde. Diese Notfallausweise bekommen Sie beispielsweise bei den großen Tierfutterketten, bei Futterherstellern oder von verschiedensten Anbietern, die Sie finden, wenn Sie mit dem Suchbegriff „Notfallkarte: Mein Hund ist allein zu Hause" im Internet suchen.

Um sicherzustellen, dass Ihr Hund gut versorgt ist, kann es sinnvoll sein, bei Ihren wichtigsten Dokumenten auch eine Mappe für Ihren Hund aufzubewahren, in der sich wesentliche Angaben zum Tier und zentrale Dokumente wie zum Beispiel Impfausweis etc. befinden. Sorgen Sie dafür, dass entsprechende Personen Bescheid wissen, wo Sie im Ernstfall diese Dokumente finden können.

Für den Extremfall, dass Sie versterben oder langfristig nicht mehr für Ihren Hund sorgen können, kann es sehr wertvoll sein, ein Dokument zu haben, das Ihren Hund näher beschreibt, seine Eigenarten, Vorlieben, Erkrankungen etc., das dem zukünftigen Besitzer das Kennenlernen und den Umgang mit Ihrem Hund wesentlich erleichtern kann.

Ich habe ein Buch entdeckt, das genau diesen Bedarf deckt. Es heißt „Wenn mein Hund Dein Hund wird. Vorsorgebuch für den Notfall" von Gerhild Tieger und enthält neben Raum für entsprechende Eintragungen und Bilder auch noch eine Lasche, in die Sie Dokumente einlegen können.

Natürlich können Sie etwas Vergleichbares auch selbst anlegen, hierbei können Sie sich an der Checkliste „Übergabe" im nächsten Abschnitt orientieren.

Abgabe des Hundes aus persönlichen Gründen

Dieser Abschnitt hat innerhalb dieses Buches eine gewisse Sonderstellung. Denn hier geht es nun nicht um den Tod. Seinen Hund abgeben oder zurücklassen zu müssen, bedeutet jedoch ebenfalls Verlust und Abschied. Entscheidung und Akzeptanz können ebenso schwerfallen, die Gefühle von Trauer und gegebenenfalls Schuld können ganz ähnlich sein. Deswegen habe ich mich entschieden, auch diesen Fall anzusprechen.

Die Abgabe eines Tieres ist ein sehr heikles Thema, dennoch kann es eine Vielzahl von Gründen geben, warum Sie gegebenenfalls diese sehr schwere Entscheidung eines Tages werden treffen müssen.

Ein relativ häufiger Grund ist wohl, dass sich Ihre Lebensumstände unvorhergesehen drastisch verändern. Ob Familienzuwachs, Trennung oder große gesundheitliche Probleme des Hundehalters, bestimmt kennen Sie selbst das eine oder andere Beispiel aus Ihrem nahen oder fernen Umfeld. Im Falle unseres Antons war es so, dass seine Besitzerin – meine Mutter – nach einer Routine-OP, bei der es Komplikationen gab, zu einem Pflegefall wurde, und er von heute auf morgen nicht mehr durch sie versorgt werden konnte.

Aber auch nicht zu bewältigende Verhaltensauffälligkeiten oder eine schwere und dauerhafte Erkrankung des Hundes können Gründe für eine Abgabe sein. Beides könnte sowohl Ihre persönlichen, zeitlichen als auch finanziellen Kapazitäten übersteigen und eventuell müssen Sie darüber nachdenken, einen anderen Besitzer für Ihren Hund zu finden.

Wie gesagt, dieses Thema ist heikel. Abgesehen von der im vorigen Abschnitt besprochenen Situation, dass Sie selbst einen Unfall oder eine schwere Erkrankung erleiden, werden sich, wenn dieses Thema zur Sprache kommt, eventuell viele Zeigefinger auf Sie richten. Vielleicht heben Sie gerade selbst einen? Vor allem das Szenario, ein altes

und/oder krankes Tier abzugeben, hat das Zeug zum moralisch Verwerflichen. „In guten und in schlechten Zeiten" heißt es doch, und ja, es stimmt, manches hätte man sich wirklich vorher überlegen können. Jedoch nicht alles. Denn „Leben ist bekanntlich das, was stattfindet, während wir dabei sind andere Pläne zu machen". Man kann nun mal nicht bei jeder Entscheidung im Leben alle Eventualitäten im Vorfeld durchdenken und noch weniger für jedes vorstellbare Szenario gewappnet sein. Sollten Sie sich der nun eingetretenen Situation – aus welchen Gründen auch immer – nicht gewachsen fühlen, dann ist sicher keinem der Beteiligten damit geholfen, dass sie es auf „Biegen und Brechen" durchziehen. Die wenigsten Menschen werden sich eine solche Entscheidung leichtmachen, und zwischen „Ich tue ausnahmslos alles, um diesen Hund zu behalten." (was übrigens auch für den Hund nicht zwangsläufig die bessere Lösung sein muss) und „Ich setze ihn bei -10°C an der nächsten Autobahnraststätte aus" gibt es eine Vielzahl von durchaus verantwortungsvollen Möglichkeiten, die Sie in Erwägung ziehen können. Gute Ansprechpartner diesbezüglich sind beispielsweise Ihr Tierarzt oder die ortsansässigen Tierheime und Tierschutzvereine.

Nun schlucken Sie vielleicht an dieser Stelle und denken sich: „Das klingt aber ganz schön hart. Sowas kann man doch nicht machen." Genau darum soll es aber in diesem Buch gehen. Die Themen anzusprechen, über die in der Regel keiner gerne spricht, über die man noch nicht einmal im „stillen Kämmerlein" gerne nachdenkt. Die schwierig sind, die uns in innere Konflikte mit unseren Werten, den Erwartungen und den Ansprüchen an uns selbst bringen und die uns in durchaus heftige äußere Konflikte mit anderen Menschen bringen können. Genau diese inneren und äußeren Konflikte – und die Reibung, die durch sie entsteht, sind es aber, die es ermöglichen, innere Klarheit und Sicherheit und den eigenen Standpunkt zu finden und zu entwickeln.

Ich wage einmal zu behaupten, dass gerade in Tierbesitzer- und Tierschützerkreisen (ähnlich wie in Eltern-, Umweltschützer- und anderen -Kreisen, in denen es um etwas geht, das einen hohen ethischen und moralischen Wert hat) zum Teil mit „sehr harten Bandagen" gekämpft wird, und der Grat zwischen „sehr gut" und „sehr böse" extrem schmal definiert wird. Natürlich ist es absolut wichtig und ehrenwert, dass Menschen sich für oben genannte und ähnliche Themen stark machen und einsetzen, ich zitiere an dieser Stelle dennoch gerne die „Mokassins" des alten Indianers, in denen man „erst einmal ein paar Meilen gegangen sein soll", bevor man sich auf Basis minimaler Information ein maximal vorwürfliches Urteil erlaubt.

Interessant an dieser Stelle finde ich, dass es Studien gibt, die besagen, dass nahezu jeder Mensch sein eigenes Handeln für „moralischer" hält als das anderer Menschen. Die sozialen Medien mit Ihrer Anonymität und Indirektheit bieten eine ganz hervorragende Plattform, dies zum Ausdruck zu bringen. Zwar bieten sie einerseits eine wirklich wertvolle Gelegenheit, sich in einschlägigen Gruppen zu vernetzen und sich gegenseitig mit Rat und Tat zu unterstützen, man setzt sich dort aber auch mit jeder vermeintlich gezeigten Schwäche einer potenziellen „Zerfleischung" aus und sollte sich gut überlegen, wie verletzlich man sich in diesem ungeschützten Raum machen möchte.

Checkliste: „Übergabe des Hundes“

- ☑ Name und etwaige Kosenamen des Hundes plus Foto (besonders wichtig, wenn Sie mehrere Hunde haben)
- ☑ Kontaktdaten von Menschen, die sich im Notfall um Ihren Hund kümmern können
- ☑ Geburtsdatum, Rasse, Geschlecht Ihres Hundes (kastriert/unkastriert)
- ☑ Angaben über Registrierungen (zum Beispiel bei Tasso) und Chip (Chipnummer und ungefähre Lokalisation am Körper)
- ☑ Tätowierung (welche und wo)
- ☑ Steuernummer (Hundesteuer, bei welcher Gemeinde), Versicherungsnummern (beispielsweise Haftpflicht, Krankenversicherung) Mitgliedsnummern (Vereine)
- ☑ Kontaktdaten von Tierärzten (Tierphysiotherapeuten, -osteopathen, -heilpraktikern etc.), die den Hund kennen
- ☑ Kontaktdaten von Tierkliniken mit 24-Stunden-Notdienst
- ☑ Wie verhält sich Ihr Hund bei Tierarztbesuchen, womit ist zu rechnen, was ist zu beachten?
- ☑ Erkrankungen und Medikamenteneinnahme
- ☑ Wie können Medikamente am besten verabreicht werden?
- ☑ Operationen: (Art und Datum) und gegebenenfalls Folgen daraus
- ☑ Futter und Fütterungsgewohnheiten (Art und Name des Futters, Menge, Tageszeit)
- ☑ Vorlieben Futter und Leckerli (mag er besonders gern, gar nicht, verträgt er nicht, verträgt er gut, zum Beispiel bei Durchfall etc.)

- ☑ Besonderheiten beim Fressen (zum Beispiel Schlingen, Abstand zu körperlicher Aktivität etc.)
- ☑ Belohnungen (außerhalb von Fressen)
- ☑ Beschreibung des Hundes (Charakter, Verhalten gegenüber Menschen, anderen Hunden, anderen Tieren, Vorlieben, Ängste, Besonderheiten etc.)
- ☑ Körperpflege (Bürsten, Baden, Trimmen, Zeckenentfernen, Ohren und Zähne reinigen, Krallenschneiden)
- ☑ Ausstattung (Leine, Schleppleine, Geschirr, Halsband, Tracker, Marken)
- ☑ Leinenführigkeit, Freilauf
- ☑ Kleidung (Hundemantel etc.)
- ☑ Schlafgewohnheiten und Liegeplätze (Körbchen, Decke, Sofa, Bett)
- ☑ Hobbys (Hundesport, Mantrailing, Apportieren, Ballspielen)
- ☑ Kommandos und Worte, die der Hund versteht, inkl. Pfiffe)
- ☑ Tricks, die der Hund kann
- ☑ Gassizeiten und wie der Hund anzeigt, dass er raus muss
- ☑ Was beim Gassigehen zu beachten ist (andere Hunde, Freilauf, Leinenaggressivität, Losreißen, Weglaufen etc.)
- ☑ Den Hund mitnehmen (im Auto, zur Arbeit, ins Restaurant, auf Flohmärkte, zum Radfahren, Joggen, Schwimmen etc.)
- ☑ Unarten (beispielsweise Möbel anfressen, Markieren etc.)
- ☑ Ängste und Vorlieben (Männer, Frauen, Kinder, Silvester, Autos, Lärm)
- ☑ Lieblingsspielzeuge und -spiele

5

An der letzten Wegbiegung – wenn das Ende absehbar ist

Alter und chronische Erkrankung

Wenn wir Glück haben, tritt keines der gerade besprochenen Szenarien und auch keine schwere Krankheit in jungen Jahren ein. Unser Hund wird alt und stirbt im besten Fall auch einfach an „Altersschwäche". Weitaus häufiger kommt es wahrscheinlich vor, dass er – durchaus auch erst nach sehr langer Zeit – an einer chronischen Erkrankung stirbt. In beiden Fällen wird sich unser Zusammenleben mit dem Tier wandeln und wir werden uns nach und nach an die sich ändernden Umstände anpassen müssen. Dies gibt uns aber auch die Gelegenheit, uns auf den bevorstehenden Abschied behutsam vorzubereiten.

Der alternde Hund

Zunächst einmal: Alter ist keine Krankheit. Sondern ein völliger normaler Prozess und Teil des Lebens. Ein Umstand, mit dem unsere Hunde vermutlich wesentlich „cooler" und natürlicher umgehen als viele von uns. Auch hier gilt wieder: Während wir vielleicht einer besseren Vergangenheit nachtrauern oder uns vor einer ungewissen Zukunft fürchten, nehmen unsere Hund den Augenblick, wie er gerade kommt, und machen das Beste daraus.

Wann ein Hund als „alter Hund" bezeichnet werden kann, hängt von zahlreichen Faktoren ab. Allen voran nach wie vor von Größe und Rasse des Hundes – Ausnahmen bestätigen in beiden Fällen die Regel. Natürlich gibt es auch Faktoren, die zu einem vorzeitigen Altern führen können, wie zum Beispiel eine außergewöhnliche Belastung von Gelenken oder Organen im Arbeitseinsatz oder im Hundesport oder besondere Formen der Haltung und Fütterung. Im Allgemeinen und im Durchschnitt kann man einen Hund zwischen sechs und acht

Jahren als alternden Hund, ab einem Alter von neun bis zehn Jahren als einen Hund im fortgeschrittenen Alter bezeichnen.

Leben mit einem älteren Hund

Für einen alternden Hund gilt in etwas das Gleiche wir für alternde Menschen:

Was früher leicht war, ist heute vielleicht nicht mehr ganz so einfach und morgen eventuell beschwerlich. Manches mag übermorgen unmöglich werden.

Möglicherweise machen andere Dinge Spaß als sie es früher taten, vielleicht ist man auch nur nicht mehr so ausdauernd in Tätigkeiten, die man aber immer noch leidenschaftlich ausübt. Der Fokus wird vielleicht ein anderer.

Vermutlich müssen Sie Ihre Aktivitäten an die körperlichen Möglichkeiten Ihres Hundes anpassen. Gassirunden werden kürzer, dafür vielleicht häufiger, weil Blase und Darm nicht mehr so lange durchhalten. Vielleicht gehen Sie irgendwann allein joggen und Rad fahren, vielleicht werfen Sie den Ball nur noch fünfmal statt zwanzigmal.

Eventuell gibt es auch eine Phase der Umstellung, in der Sie sich nicht besonders gut auf die Signale Ihres Hundes verlassen können und in der Sie beide erst hinterher merken, dass es heute vielleicht ein wenig zu viel war. Vielleicht bedarf es einer Anpassung Ihrer Kommunikation, nämlich dann, wenn die einzelne Sinne Ihres Hundes nachlassen und er vielleicht nicht mehr gut sieht oder hört (oder zumindest so tut, als ob).

Der Stoffwechsel verändert sich und man kann sich nicht mehr ausschließlich von Leberwurstbroten ernähren (gilt für Menschen und Hunde, sollte man natürlich eh nicht tun). Eventuell bedarf es also einer Futterumstellung. Ein älterer Körper, der nicht mehr so viel bewegt wird, braucht nicht nur weniger Energie, er benötigt eventuell auch eine andere Nährstoffzusammensetzung, um optimal versorgt zu sein. Inzwischen gibt es eine Reihe von Angeboten zur Ernährungsberatung für Hunde.

Last but not least: Man sieht seinen Arzt häufiger (als einem vielleicht lieb ist). Bestenfalls nur zu regelmäßigen Vorsorgeuntersuchungen. Gehen Sie also öfter zum Tierarzt: Ein jährlicher oder halbjährlicher Check-up kann wichtige und vor allem frühzeitige Hinweise darauf liefern, dass etwas nicht stimmt. Im Blut lassen sich zum Beispiel Entzündungen und Funktionsstörungen innerer Organe erkennen. Eine regelmäßige Ultraschalluntersuchung ist strahlungsfrei und

erlaubt eine Beurteilung der inneren Organe. Darüber hinaus kann gelegentlich eine Röntgenuntersuchung nützlich sein, zum Beispiel, um Gelenke und Wirbelsäule oder das Gehirn zu beurteilen. Sorgen Sie darüber hinaus mit regelmäßiger Überprüfung des Zahnstatus, Impfungen und regelmäßigen Kotuntersuchungen/Entwurmungen für bestmögliche Gesundheit und Wohlbefinden Ihres Hundes.

Und abgesehen von all dem: genießen Sie die Zeit mit Ihrem Senior. Alte Hunde umgibt eine ganz besondere Aura von Weisheit und Gelassenheit. Neben den vielen anderen Dingen, die sie uns lehren und vorleben, können wir von ihnen auch lernen, wie man im „Strom des Lebens" mitfließen und sich immer wieder neu erfinden kann. Im „Hier und Jetzt" zu akzeptieren, dass Leben Veränderung ist und die Geschenke des Augenblicks dankbar anzunehmen und auszukosten.

Geriatrie in der Tiermedizin

Die Altersmedizin (Geriatrie) ist in der Humanmedizin längst eine eigene Fachrichtung, aber auch in der Tiermedizin wird sie zunehmend wichtig. Zum einen, weil auch unsere Tiere immer älter werden, zum anderen, weil ihre bestmögliche Versorgung uns immer mehr am Herzen liegt. Wo Hunde früher Nutztiere waren, sind sie heute ist in vielen Fällen vollwertige Familienmitglieder geworden.

Neben der Diagnose und Behandlung von sogenannten Alterserkrankungen, wie beispielsweise Arthrose und Diabetes, sind auch Präventivmedizin, Palliativmedizin, Schmerztherapie, Sterbebegleitung, Tierhospiz und Einschläferung wichtige Aspekte der tierärztlichen Arbeit mit alten Tieren.

Auch was die Todesursachen angeht, werden uns unsere Hunde immer ähnlicher. An erster Stelle liegen Tumorerkrankungen, an zweiter Herz-Kreislauf-Erkrankungen.

Zur geriatrischen Versorgung unserer Hunde gehören auch die vorne genannten Vorsorgeuntersuchungen und regelmäßige Check-ups, die der Früherkennung von (altersbedingten) Erkrankungen und einer guten, altersgerechten Versorgung des Tieres dienen sollen.

Hierzu gehören beispielsweise:

- ☑ Regelmäßige körperliche Untersuchung inkl. Überprüfung der Zahngesundheit
- ☑ Untersuchung bzw. Prophylaxe gegen Flöhe und Parasiten
- ☑ Impfungen
- ☑ Blutuntersuchungen
- ☑ Urinuntersuchungen
- ☑ Untersuchung der Herztätigkeit mittels EKG
- ☑ Untersuchung der inneren Organe mittels Ultraschall
- ☑ gegebenenfalls bildgebende (Röntgen-) Untersuchungen des Brust- oder Bauchraums, von Schädel oder Gelenken
- ☑ gegebenenfalls Fütterungsberatung
- ☑ gegebenenfalls Empfehlung von unterstützenden körpertherapeutischen Verfahren wie Physiotherapie oder Osteopathie

Ich weiß nicht, wie es Ihnen beim Lesen des letzten Abschnitts ging, aber irgendwie ist doch die Vorstellung, dass unser Hund aus „Altersschwäche" oder auch an einer chronischen Erkrankung ganz natürlich sterben könnte, heute tatsächlich etwas, das wir kaum noch in Betracht ziehen. Oder? Ich selbst höre mich manchmal denken oder sagen: „Wenn Anton einmal eingeschläfert werden muss,...". Dabei könnte ich ja auch denken oder sagen:" Wenn Anton einmal stirbt,...".

Irgendwie ist es nahezu verpflichtend geworden, dass wir unsere Lieblinge eines Tages „von ihrem Leid erlösen", indem wir ihrem Leben durch eine Einschläferung ein Ende setzen. Was für ein Segen, dass wir diese Möglichkeit im Extremfall haben, wie gut, dass es aber auch noch andere Möglichkeiten gibt, Leid - insofern es vorhanden ist - zu mindern oder zu verhindern, und dem Leben und Sterben eventuell seinen natürlichen Gang zu lassen. Und noch besser, dass wir beide Möglichkeiten kombinieren können.

Palliativmedizin und Sterbebegleitung

Der Begriff der Palliativmedizin ist selbst in Bezug auf Menschen heute noch nicht jedem geläufig. Inzwischen hat er jedoch auch in die Tiermedizin Einzug gehalten. Doch was verbirgt sich eigentlich dahinter?

„Palliativmedizin" leitet sich von dem lateinischen Wort „palliare" (= mit einem Mantel umhüllen, bemänteln, schützen) ab. Ich finde das ist ein sehr schönes und treffendes Bild.

Die Palliativmedizin ist sozusagen das Gegenstück zur kurativen Medizin. Während bei Letzterer Heilung und Lebensverlängerung die

„Es geht nicht darum, dem Leben mehr Tage zu geben, sondern den Tagen mehr Leben."

(Cicely Saunders, 1918 – 2005)

Ziele sind, steht in der Palliativmedizin der Erhalt der Lebensqualität – im Sinne der Linderung von Schmerz und anderen Beschwerden – im Zentrum aller ergriffenen Maßnahmen. Entscheidet man sich für eine palliative Behandlung, bedeutet dies auch, dass Diagnostik und lebensverlängernde oder wiederbelebende Maßnahmen unterlassen werden, zu denen zum Beispiel die Gabe von Antibiotika, künstliche Ernährung und die Durchführung von Operationen gehören würden.

Das Zitat auf der gegenüberliegenden Seite fasst das oben Gesagte meines Erachtens nach sehr gut zusammen. Es wird der englischen Ärztin Cicely Saunders zugeschrieben, die in der Humanmedizin als Begründerin der modernen Palliativmedizin gilt.

Im Bereich der Tiermedizin ist Tamara Shearer, die Gründerin des „Pet Hospice and Education Center" in Ohio, die Vorreiterin des Konzepts. Palliativmedizin ist hier eng verknüpft mit der Hospizbewegung, die ebenfalls seit einigen Jahren in die Behandlung von Tieren Einzug gehalten hat. Im Gegensatz zu einer palliativen Behandlung, die unter Umständen jahrelang andauern kann, beziehen sich die Aufgaben eines Hospizes – per definitionem – tatsächlich auf den nah bevorstehenden Tod.

Die Bewegung um Palliativmedizin und Hospiz für Tiere ist in den USA wesentlich weiter fortgeschritten als in Deutschland. Dennoch rückt sie auch hier immer mehr ins Interesse von Tierbesitzern und Tierärzten.

6

Das letzte Stück trage ich Dich – wenn den Gefährten die Kraft verlässt

Kontrolle um jeden Preis?

Die Situation, um die es nun in diesem Kapitel gehen wird, ist in jedem einzelnen Fall, der jemals eintreten wird, so individuell, dass ich kaum mehr Möglichkeiten habe, als Ihnen ein paar „Eckpfeiler" zu bieten. Auf Basis der folgenden Informationen haben Sie dann zumindest eine Idee von den Möglichkeiten, die es grundsätzlich gibt. Wie Ihre ganz persönliche Situation sich dann gestalten wird, wird von zahlreichen Faktoren abhängen und eine Mischung aus verbleibenden Möglichkeiten und Ihrer Einstellung dazu sein.

Sowohl in der Humanmedizin als auch in der Tiermedizin gibt es eine zum Teil rasante Entwicklung, was die Möglichkeiten an Diagnostik und Therapie angeht. Das hat zum einen natürlich viele Vorteile, birgt aber auf der „Kehrseite der Medaille" auch die Gefahr des Überdiagnostizierens und Übertherapierens – gegebenenfalls auch auf Kosten der Lebensqualität.

Und es birgt noch eine weitere Gefahr, nämlich die, dass wir uns immer weiter von unserer eigenen Natur und dem „Lauf des Lebens" – zu dem auch das Sterben gehört – entfernen. Natürlich ist es von höchstem Wert, dass es effektive Methoden und Medikamente zur Bekämpfung von Krankheiten und den damit verbundenen Schmerzen und anderen beeinträchtigenden Symptomen gibt. Dennoch könnte es den Anschein haben, als sei inzwischen nicht nur nahezu alles kontrollierbar, sondern müsse auch zwangsläufig kontrolliert und bis zur allerletzten Option ausgereizt werden.

Ein klassisches Beispiel aus der Humanmedizin ist die Entscheidung für oder gegen eine (weitere) Chemotherapie in fortgeschrittenen Stadien einer Tumorerkrankung, in denen keine Heilung mehr möglich ist: Überwiegt die Lebensverlängerung, die durch die Behandlung noch erreicht werden kann, die gegebenenfalls erheblichen Nebenwirkungen und die damit verbundene Einschränkung der Lebensqualität?

Während wir Menschen die Möglichkeit haben, unter Abwägung der Vor- und Nachteile und unserer Prioritäten eine solche Behandlung in Anspruch zu nehmen oder abzulehnen (oder uns in Form einer Patientenverfügung dagegen auszusprechen, dass unter bestimmten Gegebenheiten lebensverlängernde Maßnahmen angewandt werden), haben wir bei unseren Hunden in Bezug auf solche schweren Entscheidungen leider nicht die Möglichkeit, auf deren subjektives Empfinden zurückgreifen. Stattdessen müssen wir uns auf das verlassen, was wir sehen können und wie wir es zusammen mit medizinischen Fachleuten interpretieren.

Was ist Leid?

Da es Leid ist, das wir in jedem Fall vermeiden wollen, da es Leid ist, das, wenn es die Lebensqualität überwiegt, das Entscheidungskriterium für eine Einschläferung ist, stellt sich natürlich die Frage: „Was ist eigentlich Leid?"

Darauf kann es keine allgemeingültige Antwort geben, genauso wenig wie Leid sich messen lässt.

Es gibt aber durchaus Zustände, die jeder von uns mit Leid verbinden würde, wie zum Beispiel starke Schmerzen, Todesangst, soziale Isolation, Hungern oder Dursten oder der Verlust nahestehender Lebewesen.

Man könnte sagen, dass Leid überall dort entstehen kann, wo Grundbedürfnisse unbefriedigt bleiben, zu denen beispielsweise die Bedürfnisse nach Nahrung, nach körperlicher und seelischer Sicherheit, nach sozialer Verbindung, aber auch nach Autonomie, Selbstbestimmung und Freiheit gehören.

Was von wem ab wann als leidvoll empfunden wird, ist höchst individuell, hat aber wohl in den allermeisten Fällen mit der fehlenden Einflussnahme auf das Geschehen zu tun. Um von Leid sprechen zu können, spielen auch Kontext und Zeit eine Rolle. So geht zum Beispiel eine Geburt mit starken und langandauernden Schmerzen einher, wird aber als vorübergehender Zustand für das beglückende Ergebnis in Kauf genommen. Kinder – oder Hunde – zu haben, kann eine erhebliche Einschränkung der persönlichen Freiheit bedeuten, die wir aber in der Regel gerne akzeptieren – zugunsten anderer essenzieller Bedürfnisse, die dadurch befriedigt werden. Im individuellen Fall ist es also auch eine Frage der Bewertung und Priorisierung, was als leidvoll empfunden wird.

Für viele Menschen ist der Gedanke an Sterben und Tod automatisch mit Leid verknüpft oder aber man denkt an ein Leben in Leid, von dem man durch den Tod erlöst werden kann.

Auch, wenn es an dieser Stelle keine Antwort geben wird, kann es doch wichtig sein zu wissen, dass Sterben per se nicht grundsätzlich mit Leid einhergeht. Es ist vielmehr ein natürlicher Prozess, ein Übergang, der, so wie die Geburt am Anfang eines jeden Lebens, allerdings durchaus mit Anstrengung verbunden sein kann. Natürlich hängt es sehr davon ab, woran man stirbt, doch es kann durchaus Zustände und auch Erkrankungen geben, an denen zu sterben nicht mit Leid verbunden sein muss, und die von uns als Menschen Unterstützung und Begleitung, aber nicht zwangsläufig ein Eingreifen verlangen.

Wie bereits weiter vorne angesprochen, sind es die „losen Enden", die für uns Menschen am Ende des Lebens häufig Leid erzeugen. Unerledigtes, Ungeklärtes, Unausgesprochenes, Unvollendetes und Ungelebtes. Da unsere Tiere Meister im „Leben im Augenblick" sind und ihre Empfindungen unmittelbar und ungefiltert zum Ausdruck bringen, dürfen wir davon ausgehen, dass solche Themen unsere Tiere am Ende ihres Lebens nicht belasten.

Doch selbst, wenn Ihr Tier nicht leidet, tun *Sie* es mit ziemlicher Sicherheit. Denn für Sie sind durch den bevorstehenden Tod Ihres Hundes gleich mehrere wichtige Bedürfnisse bedroht. Zum Beispiel das nach emotionaler Sicherheit und das nach Einflussnahme. Schlimmstenfalls müssen Sie einfach zusehen, wie Ihr Hund nach und nach verschwindet und haben das Gefühl nur wenig oder gar keinen Einfluss auf das Geschehen nehmen zu können. Am Ende steht der schmerzvolle Verlust Ihres Tieres und die Aussicht auf ein Leben ohne ihn.

Ich möchte Sie ermutigen, auch Ihr persönliches Leid anzuerkennen und zu würdigen und Fürsorge und liebevolle Zugewandtheit auch sich selbst gegenüber walten zu lassen. Ich möchte Sie aber auch dazu ermutigen, ein Auge darauf zu haben, dass Sie Ihr Leid nicht mit dem Ihres Tieres „vermischen" oder gar verwechseln. Denn das birgt die Gefahr, dass Sie einerseits Leid sehen, wo es vielleicht gar nicht ist, und andererseits Leid übersehen, wo es tatsächlich vorhanden ist.

Selbstreflexion: „Was bedeutet Leid für mich?"

Was bedeutet Leid für mich ganz persönlich? Welche Gedanken und Gefühle verbinde ich damit?

Palliative Versorgung – Lebensqualität im Zentrum

Entscheiden Sie sich zu gegebener Zeit - gemeinsam mit dem oder den behandelnden Tierärzten – für die palliative Versorgung Ihres Tieres, steht dessen Lebensqualität fortan als wichtigstes Kriterium im Zentrum aller Maßnahmen und Entscheidungen.

Um diese beurteilen zu können, wird zum Beispiel das Prinzip der „Fünf Freiheiten des Tierwohls" herangezogen. Dieses wurde in Großbritannien entwickelt und bildet die Grundlage der EU-Tierschutzpolitik. Diese Freiheiten sind definiert als die:

- Freiheit von Hunger und Durst
- Freiheit von Unbehagen (eine artgerechte, schutzbietende Umgebung)
- Freiheit von Schmerz, Verletzung und Krankheit (Prävention oder rasche Behandlung)
- Freiheit, normales Verhalten zum Ausdruck zu bringen
- Freiheit von Angst und Leiden (Bedingungen, die Angst und Leiden vermeiden)

Etwas konkreter und im alltäglichen Umgang mit Ihrem kranken Tier besser zu beurteilen, sind folgende Aspekte:

- Können Schmerzen und andere Symptome wie Erbrechen oder Atemnot noch wirkungsvoll gelindert werden?
- Kann Ihr Hund noch selbstständig laufen?
- Kann Ihr Hund noch Nahrung und Wasser zu sich nehmen?

- Nimmt Ihr Hund seine Umgebung noch wahr?
- Hat er noch Interesse an Kontakt und Berührung?
- Kann er sein Geschäft selbstständig verrichten?
- Ist Ihr Hund noch „der, der er war"?

Wenn Sie eine oder mehrere der folgenden Fragen mit „Nein" beantworten müssen, können Sie davon ausgehen, dass die Lebensqualität Ihres Hundes bereits stark eingeschränkt ist. Wobei vor allem die letzten beiden Punkte dieser Aufzählung nicht absolut zu betrachten sind, denn es gibt durchaus Hunde, die sehr gut mit dem Tragen einer Windel und Unterstützung bei der Entleerung von Blase oder Darm zurechtkommen. Und ein Hund, der in jungen Jahren sehr aktiv und reaktiv war, kann sich im Alter oder im Rahmen einer Erkrankung durchaus mit einem kleiner gewordenen Radius und weniger „Input" arrangieren, ohne dass dies Leid für ihn bedeuten muss.

Umgekehrt ist es so, dass manche Hunde auch bei starken Schmerzen oft wenig deutliche Symptome zeigen. Hier können Sie als Besitzer zusammen mit tiermedizinischen Fachleuten am besten einschätzen, wie es Ihrem Liebling geht. Zum Beispiel auf Basis seines Verhaltens in der Vergangenheit, in Situationen, in denen Ihr Hund Schmerz empfunden haben muss – beispielsweise bei einer Verletzung oder nach einer Operation. Andererseits gibt es Diagnosen, von denen man weiß, dass sie definitiv mit Schmerzen verbunden sind, wie beispielsweise weit fortgeschrittene Arthrose oder Knochenmetastasen eines Tumors. Darüber hinaus können folgende Verhaltensweise auf Schmerzen hinweisen:

- Jaulen, Winseln
- Lecken, Knabbern
- Hecheln

- Zittern
- Zurückgezogenheit, Apathie,
- Schonende Körperhaltung
- Unnatürliche Körperhaltung
- Unruhe
- Schnappen bei Berührung

Da der Blick auf unser Tier zum einen vom alltäglichen Zusammensein, zum anderen von der Liebe zu ihm und der Angst vor seinem Verlust geprägt ist, kann ein Blick von außen bisweilen sehr hilfreich sein, um die Situation realistisch einzuschätzen. Bitten Sie zum Beispiel einen Menschen, der Ihr Tier schon länger nicht mehr gesehen hat, um seine aktuelle Wahrnehmung. Dies kann ein Bekannter oder Freund von Ihnen sein oder Ihr Tierarzt, Hundetrainer, Tierphysiotherapeut oder Ähnliches. In unserer zunehmend digitalisierten Welt können eventuell auch alte Videos helfen, die Veränderung ein wenig zu objektivieren.

Natürlich sollen Sie den Tatsachen im Sinne Ihres Tieres immer „ins Auge blicken" und Leid erkennen, wo es vorhanden ist. Ich möchte Sie trotzdem ermuntern, im Zusammenleben mit Ihrem alten und/oder kranken Tier immer wieder auch den Blick schweifen zu lassen. Weg vom stetig wachsenden Defizit. Hin zu dem, was gut ist, was gelingt, was Ihr Tier noch kann und wie es auf seine ganz eigene Art und Weise „das Beste daraus macht".

Wie sieht ein Palliativkonzept aus – wer ist daran beteiligt?

An der palliativmedizinischen Versorgung Ihres Tieres sind mehrere Personen beteiligt. Neben den engen Bezugspersonen sind dies Ihr Tierarzt, gegebenenfalls Tierosteopathen, -physiotherapeuten etc. Ein Konzept könnte idealerweise wie folgt aussehen:

- Planung einer Rund-um-die-Uhr-Versorgung: Gewährleistung, dass das Tier nicht oder nur für einen sehr kurzen Zeitraum alleine ist, gegebenenfalls durch Unterstützung freiwilliger Helfer. 24-Stunden Zugriff auf medizinische Hilfe und Unterstützung im Notfall.

- Entscheidung für einen Behandlungsplan: Welche Maßnahmen werden durchgeführt, welche unterlassen? Hierbei sollte auch frühzeitig ein Endpunkt der Behandlung festgelegt werden, also welche Umstände eintreten müssen, um eine zeitnahe Einschläferung des Tieres anzustreben.

- Gegebenenfalls Anpassung des häuslichen Umfeldes an die Bedürfnisse von Tier und Besitzer, zum Beispiel Sicherung von Treppen, Rampen, Treppensteighilfen, höhenverstellbare Wasser- und Futterstation, Umgang mit Inkontinenz, Erlernen des Ausstreichens der Harnblase, wenn eine spontane Entleerung nicht möglich ist, Wundversorgung etc.

- Komplementärmedizinische Unterstützung, also beispielsweise Akupunktur, Farbtherapie, Massagen, Tierkommunikation etc.

- Vorbereitung auf den Tod des Tieres, zum Beispiel: wie kündigt sich der Sterbeprozess an, wie kann dieser durch den Besitzer gut begleitet werden?

- Psychosoziale Unterstützung des Besitzers

Wie finde ich palliativmedizinische Unterstützung?

Sprechen Sie am besten beizeiten einmal mit Ihrem Tierarzt über seine Einstellung und Erfahrung zu diesem Thema und die Möglichkeiten, die er sieht. Dies kann auch unabhängig von einer Erkrankung ihres Hundes geschehen. Da es zur Vor-Ort-Verfügbarkeit keine allgemeingültigen Aussagen geben kann, sind Sie in diesem Fall tatsächlich ganz gut mit „Dr. Google" bedient. Wenn Sie die Begriffe „Palliativmedizin oder -versorgung, Geriatrie oder Sterbebegleitung" zusammen mit „Tiermedizin, Veterinärmedizin oder Tierarzt" und Ihrem Wohnort eingeben, dann finden Sie mit einiger Wahrscheinlichkeit Informationen zu Tierärzten, die sich in Ihrer Nähe mit dem Thema befassen und Sie unterstützen können.

Im süddeutschen Raum gibt es zum Beispiel das Netzwerk Anima, das zum einen Tierheim- und Fundtiere in Hospize aufnimmt beziehungsweise an geeignete Pflegestellen vermittelt, zum anderen Tierbesitzern praktische und emotionale Unterstützung bei der Pflege des eigenen Tieres anbietet. Im Anhang finden Sie Links zum begleitenden (Online)-Angebot von Vanessa Reif und Nina Folle, das Sie natürlich von überall aus nutzen können.

Was kann ich noch für mein Tier tun?

„Wir können nichts mehr für ihn tun." Diesen Satz hört man häufig im Zusammenhang mit einer schweren, unheilbaren Erkrankung und seine Aussage ist, dass die medizinisch-kurativen Möglichkeiten ausgeschöpft sind. Das bedeutet allerdings überhaupt nicht, dass man nichts mehr tun kann. Fortan wird das Tun jedoch ein anderes Ziel und einen anderen Fokus haben und vor allem in Hilfe und Unterstützung bestehen.

Für Sie kann das heißen: Seien Sie einfach da, begleiten Sie Ihr Tier liebevoll. Und was genau kann das bedeuten?

Das kann beispielsweise bedeuten, dass Sie für ein würdevolles Sterben sorgen. Etwa, indem Sie Ihr Tier und seinen Liegeplatz sauber halten und Hilfsmittel nutzen, um den gemeinsamen Alltag so normal und angenehm wie möglich gestalten. „Normal" kann in diesem Fall auch heißen, dass Sie Ihrem Tier noch so viel wie möglich selbst zutrauen und es nur da, wo es wirklich nötig ist, unterstützen. Denn Hilfe ist nur da wirkliche Hilfe, wo sie auch gebraucht wird.

Es kann auch heißen, dass Sie in dieser Zeit „Fünfe gerade" sein lassen und Ihrem Tier ein paar kleine Extras erlauben. Zum Beispiel, dass Ihr Hund statt auf seiner Hundedecke auf Ihrem Platz auf dem Sofa oder im Bett liegen darf, wo es so intensiv nach Ihnen duftet. Oder, dass es statt des gesunden fettarmen Futters eben öfter ein Würstchen oder ein Stück Käse gibt, je nachdem welche Vorlieben Ihr Hund hat.

Vielleicht möchten Sie noch einmal besonders schöne Erinnerungen auffrischen und einen bestimmten Ort, bestimmte Menschen oder Tiere aufsuchen – oder zu sich einladen.

Am wichtigsten ist jedoch sicherlich, dass Sie sich selbst gut „klären". In dem Sinne, dass Sie sich dessen bewusst sind, was Ihr Leid, Ihr Schmerz und Ihre Ängste und Wünsche sind und diese nicht unhinterfragt auf Ihr Tier übertragen beziehungsweise aus diesen her-

aus an Ihrem Tier handeln – oder nicht handeln.

Ihr Tier hat mit seinem Sterben und seinem Tod, salopp gesagt, wahrscheinlich „kein Problem", es sorgt sich nicht und hat vermutlich auch keine Angst davor.

Wenn es Ihnen gelingt, sich klarzumachen, dass es vermutlich Ihre Sorgen, Ängste und Befürchtungen sind, dann gelingt es Ihnen bestenfalls in einem zweiten Schritt, diese für das letzte Stück des gemeinsamen Weges zurückzustellen – und Ihr Tier „das letzte Stück zu tragen" Zum Beispiel indem:

- Sie den Sterbeprozess fürsorglich begleiten und für höchstmöglichen Komfort sorgen, gleichzeitig aber Überfürsorglichkeit vermeiden und Körperkontakt und Streicheln so dosieren, wie es für Ihr Tier angenehm ist und ihm dennoch Ruhe und Rückzug erlaubt.

- Sie für Freiheit von Schmerzen und Unwohlsein sorgen.

- Sie einer Einschläferung zustimmen, wenn Letzteres nicht mehr zu gewährleisten ist, und auch diesen Weg begleiten.

- Sie Ihrem Tier die Erlaubnis geben, sich fallen zu lassen und sich dem Tod hinzugeben. Indem Sie ihm sagen, dass es nun gehen darf, dass es Ihretwegen nicht länger bleiben muss. Dass Sie selbst für sich sorgen werden.

Es kommt nicht so selten vor, dass ein Hund – oder Mensch – genau in dem Augenblick stirbt, in dem die Angehörigen für einen kurzen

Moment den Raum verlassen. Umgekehrt kommt es auch vor, dass der Sterbende so lange „wartet", bis eine bestimmte Person kommt und sich verabschieden kann.

Eigene Wahrheit und sich scheidende Geister

Schulmedizin, Heilpraktiker, Pharmazeutika, Homöopathie, Bachblüten, Tierkommunikation, Impfen: dies sind nur einige Begriffe, die – nicht nur unter Hundebesitzern – durchaus Zündstoff für (im besseren Fall) heftige Diskussionen oder (im schlechteren Fall) kategorische Ablehnung liefern.

Allein darüber könnte ich ein weiteres Buch schreiben. In diesem würde es allerdings nicht darum gehen, für das eine zu argumentieren und gegen das andere zu wettern, sondern vielmehr darum, die eigene Wahrheit, den eigenen Weg im „Dschungel des Angebots" zu finden. Hier fasse ich mich nun aber kurz.

„Wer heilt, hat Recht" heißt es nach Hippokrates (griech. Arzt, 460 – 370 v. Chr.), womit ursprünglich gemeint war, dass sich von der Therapie, die wirkt, auf die Erkrankung, also die richtige Diagnose, schließen lässt. Im weiteren Sinne wird der Satz aber auch so interpretiert, dass jedes Mittel, das hilft, seine Berechtigung hat.

Inzwischen ist es ja auch längst nicht mehr überall so, dass Schulmedizin und alternative Heilmethoden sich gegenseitig bekämpfende „Erzfeinde" sind. Mit dem Begriff der Komplementärmedizin gibt es sogar ein eigenes Wort dafür, dass sich beide durchaus sinnvoll ergänzen können.

Nutzen Sie deshalb, was sich für Sie gut und stimmig anfühlt. Was Ihnen und Ihrem Tier guttut, muss nicht zwangsläufig anderen Menschen und Tieren guttun – und umgekehrt natürlich. Und was die Grundsatzdiskussion angeht: es gibt immer Argumente dagegen. Gegen alles. Und auch schwarze Schafe und Scharlatane gibt es in jedem Bereich. Aber warum sich auf das Negative fokussieren?

Solange das Wohl des Tieres das vorrangige Ziel aller Maßnahmen ist, und es mehrere Wege gibt, die dort hinführen, fühlen Sie sich frei beziehungsweise geben Sie sich selbst die Erlaubnis, den zu wählen, der sich für Sie gut und richtig anfühlt.

Zur eigenen Wegfindung kann übrigens auch durchaus gehören, einmal eine Expertenmeinung (in diesem Fall steht Experte nicht in Anführungszeichen) zu hinterfragen und gegebenenfalls eine Zweitmeinung einzuholen. Meines Erachtens ist es auch sinnvoll, in die Wahl des Tierarztes ähnlich viel Zeit und Aufwand zu investieren wie in die eines guten Hausarztes. Je besser Sie sich dort aufgehoben und verstanden fühlen, umso besser werden Sie auch dann harmonieren, wenn Sie sich in der Begleitung Ihres Hundes aufeinander verlassen müssen.

Der Preis der Trauer für den Mut zu lieben

Ich habe dieses Buch allen Menschen gewidmet, die bereit sind, den Preis der Trauer für den Mut zu lieben zu zahlen. Denn mit wenig anderem machen wir uns so verletzlich, wie damit, unser Herz zu verschenken und uns auf Liebe und Beziehung einzulassen. In welchen Momenten könnte dies deutlicher hervortreten als in solchen, in denen das geliebte Lebewesen und unser Zusammensein bedroht ist?

„Mut bedarf der Angst." sagt Frank Staemmler in seinem gleichnamigen Vortrag auf der DVG (Deutsche Vereinigung für Gestalttherapie e.V.) – Jahrestagung 2019 in Essen, denn wenn keine Angst vorhanden ist, braucht es keinen Mut, um etwas zu tun. Mutiges Handeln hat viel mit unseren Werten zu tun. Es bedeutet, dass unser Handeln uns so wichtig ist, dass wir bereit sind, etwas anderes, das uns auch sehr wichtig ist, dafür zu riskieren.

Im ganz konkreten Fall könnte das heißen, dass die Liebe zu Ihrem Hund so stark ist, dass Sie ihn gehen lassen, obwohl Sie selbst dadurch etwas, das Ihnen sehr viel bedeutet (nämlich ihn und das Zusammensein mit ihm), verlieren und mit dem Schmerz über den Verlust werden weiterleben müssen. Dies kann ein höchst mutiger letzter Liebesbeweis sein.

Es ist übrigens ein weitverbreiteter Irrglaube, dass, wer mutig ist, keine Angst hätte, oder dass wir die Angst erst besiegen müssen, bevor wir etwas tun können. Was uns in vielen Fällen davon abhält, überhaupt etwas zu tun. Das heißt aber auch nicht im Umkehrschluss, dass wir unsere Angst ignorieren und uns blindlings und draufgängerisch in die „Gefahr stürzen" sollen. Vielmehr geht es wieder einmal darum, wahrzunehmen und zuzulassen, was ist, und in diesem Gewahrsein zu handeln.

„Mut bedeutet
nicht, keine Angst
zu haben, sondern, dass
etwas anderes wichtiger
ist als die Angst."

(Ambrose Hollingworth Redmoon)

Was geschieht beim Sterben?

Im dritten Kapitel haben Sie sich damit auseinandergesetzt, welche Ihre ganz eigenen Vorstellungen vom Sterben sind, welche Gedanken und Gefühle Sie damit verbinden, welche Bilder und (spirituellen) „Konzepte" Sie dazu im Kopf haben. Und natürlich damit, welche Erfahrungen Sie gegebenenfalls bei der Begleitung anderer bereits damit gemacht haben. Im Folgenden will ich deshalb nur beschreiben, was aus medizinisch-biologischer Sicht beim Sterben geschieht und welche Phänomene diese verschiedenen Vorgänge begleiten.

Wie eine Geburt verläuft auch der Sterbevorgang in Phasen oder Wellen. Diese können in Dauer und Intensität höchst individuell ausgeprägt sein.

Im biologischen Sinne bedeutet Sterben, dass die verschiedenen Organsysteme nach und nach ihre Funktion einstellen. Man unterscheidet den klinischen Tod (Herz-Kreislauf-Stillstand) vom Hirntod (keine Hirnaktivität mehr nachweisbar) und vom biologischen Tod (Auflösen von Zellverbänden und Geweben – beginnende Verwesung).

Zu Beginn des Sterbeprozesses verliert der Körper zunehmend an Kraft und Gewicht. Flüssigkeit und Nahrung werden noch aufgenommen, jedoch mit wechselndem Appetit. Häufig beginnt eine Art Rückzug und die Einengung von Interessen und Anteilnahme. Diese Phase kann Wochen bis Monate dauern und durchaus von besseren Phasen durchbrochen werden.

Im weiteren Verlauf schreitet der Rückzug fort. Der Hund schläft viel oder liegt zunehmend teilnahmslos auf seinem Platz. Der Blick geht häufig ins Leere oder das Tier starrt auf einen bestimmten Punkt. Futter wird gegebenenfalls verweigert, durch die Umstellung auf einen „Hungerstoffwechsel" kann es zu einem veränderten Körpergeruch kommen. Dies hat jedoch nichts mit „Verhungern" zu tun (und wird auch nicht als qualvoll empfunden), sondern gehört zum natürlichen Prozess der Energiereduktion.

Bisweilen wird dieser Prozess durch eine – in der Regel kurze – Phase des „Aufblühens" unterbrochen, in der beispielsweise wieder Interesse an Futter besteht und das Tier von sich aus Kontakt und „alte Interessen" aufnimmt.

Es folgt eine „Ruhe nach dem Sturm", in der nun die Organsysteme zunehmend Ihre Funktion drosseln. Meist wird in dieser Phase auch die Flüssigkeitsaufnahme eingestellt. Das Herz-Kreislauf-System wird schwächer, was dazu führt, dass Puls und Blutdruck sinken, Extremitäten und Organe weniger durchblutet werden. Es kann zu Wassereinlagerungen kommen. Die Minderdurchblutung der Nieren führt beispielsweise dazu, dass die Urinmenge weniger wird, und dieser unter Umständen intensiv riecht. Die Atmung verändert sich. Sie kann schnell und flach werden oder aber langsam und unregelmäßig. Unter Umständen entstehen lange Atempausen, die von einem tiefen Atemzug gefolgt sind (Schnapp-Atmung). Gegebenenfalls entsteht ein röchelndes und rasselndes Atemgeräusch. Durch die mangelnde Energiezufuhr und Sauerstoffversorgung ebenso wie durch die nachlassende Nierenfunktion häufen sich Stoffwechselprodukte im Körper an, die eine Art natürlich „Narkose" bewirken. Das Bewusstsein trübt zunehmend ein, nicht selten entstehen vorübergehend Unruhezustände. Es kann sein, dass das Tier strampelt, knurrt oder winselt.

Der gesamte Prozess bis zum Eintritt des Todes kann von wenigen Stunden bis hin zu mehreren Tagen dauern.

Der Tod tritt ein, wenn das Herz seine Pumpfunktion einstellt und damit die Durchblutung aller Organe zum Stillstand kommt. Innerhalb weniger Minuten sterben Gehirnzellen ab. Während ein „klinischer Tod" grundsätzlich noch reversibel ist, ist der sogenannte Hirntod endgültig. Bis zum Eintritt des biologischen Todes vergehen einige Stunden.

Durch Erschlaffen der Muskulatur kann es auch mehrere Stunden nach Eintritt des Todes noch zum Entweichen von Luft aus den Atemwegen oder zum Austreten von Kot oder Urin kommen. Der erschlaffte Körper wirkt manchmal wie „geschrumpft", der Gesichtsausdruck verändert sich.

Feststellung des Todes

Wenn Ihr Hund zu Hause stirbt, haben Sie nur anhand der äußerlich sichtbaren Zeichen die Möglichkeit, seinen Tod festzustellen.

Checkliste: „Feststellung des Todes"

Es gibt einige sichere Todeszeichen, zu ihnen gehören – per definitionem –

- ☑ Leichenstarre
- ☑ Totenflecke (bei Tieren durch das Fell eher schwer zu erkennen)
- ☑ Nicht mit dem Leben vereinbare Verletzungen
- ☑ Späte sichere Todeszeichen wie Fäulnis, Verwesung, Mumifizierung

Die Leichenstarre tritt je nach Umgebungstemperatur innerhalb von 30 Minuten bis 2 Stunden ein und beginnt im Kiefer- und Halsbereich, von wo aus sie sich über den Körper ausbreitet und nach circa 9 bis 12 Stunden voll ausgeprägt ist. Sie löst sich innerhalb von circa 48 Stunden wieder vollständig. Die bläulich-roten Totenflecke bilden sich ebenfalls von mehreren Stunden an den „abhängigen Partien" – also den Körperpartien, in denen sich das Blut in Folge der Schwerkraft ansammelt – aus.

Zu den unsicheren Todeszeichen gehören:

- ☑ Fehlende Herz – und Atemtätigkeit
- ☑ Fehlende Reflexe (auch Lid- und Hornhautreflex am Auge)
- ☑ Lichtstarre Pupillen (kein Zusammenziehen der Pupille bei Lichteinfall)

Wenn Sie sich unsicher sind, lassen Sie den Tod durch einen Tierarzt feststellen. Da ein Nachweis für die Abmeldung von Steuer und Versicherung sowieso erforderlich ist, ist dies eigentlich in jedem Fall sinnvoll.

Die Zeit unmittelbar danach – dem Tod ins Angesicht schauen

Die erste Zeit nach Eintritt des Todes kann sehr wichtig und wertvoll für Sie sein, um zu realisieren, dass Ihr Hund wirklich tot ist und um Abschied zu nehmen. Dies gilt insbesondere dann, wenn Ihr Hund ganz überraschend verstorben ist und – vielleicht im turbulenten und aufwühlenden Kampf um sein Leben – „Ihre Seele noch gar keine Zeit hatte nachzukommen" Sie noch gar nicht wirklich verstehen, was eigentlich passiert ist.

Nehmen Sie sich Zeit, Ihr verstorbenes Tier mit allen Sinnen wahrzunehmen.

Lauschen Sie, riechen Sie, schauen Sie genau hin– was nehmen Sie wahr? Fühlen Sie, wie sich der Körper Ihres Hundes anfühlt, wie er sich entspannt, nach und nach abkühlt, steif wird.

Viele Menschen berichten, dass Sie den Moment ganz bewusst wahrnehmen konnten, als „die Seele den Körper verlassen hat". Wie ihr Hund ab einem gewissen Zeitpunkt nicht mehr im Raum, nicht mehr anwesend war, und nur seine Körperhülle zurückgeblieben ist. Dieses aktive Wahrnehmen und Empfinden, dieses Be-greifen kann sehr förderlich für den bereits stattgehabten und den bevorstehenden Trauerprozess sein.

Dies gilt übrigens auch für andere Tiere, die mit dem verstorbenen Hund zusammengelebt haben, und insbesondere für Kinder, die entgegen manchen Annahmen häufig einen sehr unbefangenen Umgang mit dem Tod haben.

Vielleicht möchten Sie diese einzigartige Zeit mit einem Ritual würdigen, vielleicht gibt es etwas, was Ihnen und anderen Hinterbliebenen in diesen Momenten Halt geben kann.

Je nachdem, welche Vorstellungen Sie ganz persönlich von Sterben, Tod und dem „Danach" haben, möchten Sie vielleicht eine Kerze anzünden, ein Gebet sprechen, Blumen auf oder um den Körper Ihres Hundes legen oder ein Fenster öffnen, um seine „Seele freizulassen. Eine Hundebesitzerin erzählte einmal, dass Sie sich mit einem Fotoalbum zu Ihrem toten Hund gesetzt hat und ihm anhand der Bilder die Geschichte Ihres gemeinsamen Lebens erzählt hat. Für unseren Anton wäre es wohl am passendsten, wenn mein Mann ihm sein „Lieblingslied" (Eels - Mr. E´s beautiful blues) auf der Gitarre vorspielen und für ihn singen würde. Dazu schläft er zuverlässig genüsslich schmatzend ein. Ich fürchte allerdings, dass weder mein Mann noch ich das in diesem Moment hinbekommen würden.

Wenn Sie möchten, und dies möglich ist, geben Sie im Nachgang auch anderen Menschen und Tieren außerhalb des engsten Kreises die Möglichkeit, sich zu verabschieden. Falls Ihr Hund nicht zu Hause sterben sollte, dann vielleicht in Form einer Aufbahrung im Krematorium oder auf dem Tierfriedhof.

Die Meinung, man solle seinen Verstorbenen „so in Erinnerung behalten, wie er zu Lebzeiten gewesen ist" ist zwar weit verbreitet, vermutlich ist es aber vor allem die Angst vor dem Tod und vor starken Gefühlen, die diese These tragen. Möglicherweise kann es auch für andere zutiefst tröstlich und versöhnlich sein, das verstorbene Tier noch einmal zu sehen und dem Tod „ins Angesicht zu schauen".

Ich habe in meinem (Berufs-)leben wirklich sehr viele Tote gesehen und ich erinnere mich nicht an einen Einzigen (mit der Ausnahme von Leichnamen, die durch Unfälle oder Gewalteinwirkung stark entstellt waren), dessen Gesichts- und Körperausdruck nicht etwas höchst Friedliches und Entspanntes hatte.

Selbstreflexion: „Die Zeit unmittelbar danach"

- Was ist mir wichtig für die Zeit unmittelbar danach? Wünsche ich mir bestimmte Gegebenheiten, zum Beispiel einen Raum mit Fenster, Zeit etc.?
- Gibt es ein Ritual, das mir Halt geben kann?
- Wer soll unmittelbar danach dabei sein? Welche Menschen, welche Tiere?
- Von wem wünsche ich mir (emotionale) Unterstützung?
- Gibt es etwas, das, zum Beispiel für den Fall, dass mein Hund in der Tierarztpraxis verbleibt, unbedingt zu bedenken ist (Pfotenabdruck oder Ähnliches)?

Feierliche Abschiednahme

Inzwischen kommt es gar nicht so selten vor, dass auch für verstorbene Tiere Trauer- und Gedenkfeiern stattfinden. Dies kann natürlich in jedem vorstellbaren Rahmen von Ihnen selbst organisiert werden – oder „klassisch" in einem Bestattungsinstitut vor der Einäscherung oder auf einen Tierfriedhof vor der Beerdigung oder Urnenbeisetzung stattfinden.

In allen Gesellschaften und Kulturen gibt es feierliche Rituale für Übergangssituationen, zu denen auch der Tod gehört. Im Folgenden finden Sie ein paar Anregungen zur Gestaltung eines feierlichen Abschieds. Horchen Sie in sich hinein und schauen Sie, was sich gut und stimmig anfühlt. Lassen Sie sich zu eigenen Ideen inspirieren.

Vielleicht möchten Sie eine Geschichte vorlesen, ein Lied singen oder Erinnerungen teilen, die Sie jeweils mit Ihrem Hund verbinden. Ich persönlich finde eine Art „Fürbitten" sehr schön beziehungsweise gute Wünsche, die Sie auf Zettel schreiben können und entweder dem Grab beigeben oder in einer Feuerschale – gegebenenfalls mit Räucherwerk – verbrennen können. Zum Beispiel: „Ich wünsche Dir, dass es im Himmel zu jedem Zeitpunkt Schweineohren gibt." Oder „Ich wünsche Dir endlose Wiesen, auf denen Du nach Herzenslust rennen kannst." Eine weitere Idee ist, die Wünsche dem Element zu übergeben, dem Ihr Hund am nächsten stand. War dies das Element Luft, Feuer, Erde, Wasser? Dann können Sie zum Beispiel die verbrannten Wünsche dem Wind übergeben oder die Zettel vergraben oder Schiffchen daraus basteln und auf einen Fluss setzen.

Oder nehmen Sie ein Stück Seil – oder die Leine – und markieren Sie, zum Beispiel durch Knoten, die Lebensjahre Ihres Hundes. Gehen Sie nun von Anfang an durch und erinnern und berichten Sie gemeinsam Erlebtes und Besonderheiten.

Spielen Sie „Stadt-Land-Fluss" in abgewandelter Form. Jemand sagt einen Buchstaben und dann finden Sie gemeinsam Begriffe, zu zum

Beispiel Orten, Spielzeugen, Leckerchen oder Beschäftigungen, die Ihr Hund sehr gemocht hat oder die typisch für ihn waren.

Vielleicht begegnen Ihnen „unter der Zeit" Rituale, die Sie schön und wertvoll finden, zum Beispiel auf einer Hochzeit, einer Taufe oder einer Beerdigung. Machen Sie sich hierzu Notizen.

Natürlich können Sie auch zukünftig den Todestag Ihres Hundes mit einem feierlichen Ritual oder Ähnlichem begehen.

Viele kleine und große Bestattungsunternehmen haben übrigens virtuelle Gedenkseiten oder Gedenkbücher, die Sie individuell mit einem Nachruf auf Ihren Liebling gestalten und pflegen können.

Kinder und Tod des Hundes

„Viele, die ihr ganzes Leben auf die Liebe verwendeten,
können uns weniger über sie sagen als ein Kind,
das gestern seinen Hund verloren hat."
(Thornton Wilder)

Kinder haben, wie vorne bereits erwähnt, häufig einen ganz unbefangenen und natürlichen Umgang mit dem Tod. Und ebenso häufig haben sie eine ganz besondere und eigene Bindung an den verstorbenen Hund. Natürlich hängt es unter anderem vom Alter und von der Konstitution Ihres Kindes beziehungsweise Ihrer Kinder ab, inwiefern sie das Geschehene begreifen und verarbeiten können. Ich möchte Sie jedoch ermutigen, Ihrem Kind in dieser Hinsicht viel zuzutrauen.

Vielleicht ist der Tod Ihres Hundes die erste Begegnung mit dem Tod für Ihr Kind. Vielleicht können Sie sich auch im Vorfeld schon gemeinsam mit Ihrem Kind mit dem Thema „Tod und Sterben" auseinandersetzen. Zur Unterstützung gibt es eine Reihe ganz wunderbarer Bücher – die übrigens auch uns Erwachsenen guttun können.

Wenn länger absehbar ist, dass Ihr Hund sterben wird, geben Sie Ihrem Kind die Möglichkeit, über seine Gedanken und Gefühle zu sprechen oder sie anderweitig auszudrücken, beispielsweise in einem Bild. Versuchen Sie auch herauszufinden, was Ihr Kind sich für den Abschied von und das Gedenken an Ihren Hund wünscht und lassen Sie es, wo immer möglich, mitgestalten.

Es kann auch für Ihr Kind gegebenenfalls wichtig und heilsam sein, den toten Hund noch einmal sehen und berühren zu dürfen, um zu begreifen, dass er wirklich tot ist.

Sie selbst kennen Ihr Kind am besten. Geben Sie ihm Zeit und Raum für seine Gefühle und Gedanken und verlassen Sie sich auf Ihre Intuition – und auf die Ihres Kindes.

Es kann für Ihr Kind auch hilfreich und wohltuend sein, wenn es Ihre eigene Trauer spüren und dabei erleben darf, dass Sie trotzdem für es da sind.

Andere Tiere und Tod des Hundes

Leben andere Tiere in Ihrem Haushalt, in der Nachbarschaft oder hatte Ihr Hund gute „Kumpels"? Wenn möglich, geben Sie diesen Tieren die Möglichkeit, von Ihrem toten Hund Abschied zu nehmen. Wenn Ihr Hund zu Hause stirbt oder eingeschläfert wird, geben Sie den anderen Tieren gegebenenfalls die Möglichkeit, dabei zu sein, aber „zwingen" Sie sie nicht. Wenn weitere Tiere in Ihrem Haushalt leben, kann es sein, dass Sie schon vor dem Tod Ihres Hundes Veränderungen an deren Verhalten bemerken. Vielleicht suchen sie besonders die Nähe des sterbenden Tieres oder meiden es eher. Vielleicht ziehen sich die anderen Tiere zurück oder suchen mehr als sonst Ihre Nähe. Ich habe mehrfach Berichte darüber gehört, dass sich andere Tiere zu dem verstorbenen Tier legten. Eine Klientin erzählte einmal, dass Ihr Hund nach dem Tod seines Hundekumpels für einige Zeit gar nicht mehr das Haus verlassen wollte und sogar „sein Geschäft" wieder im Haus verrichtete.

Wie und wie lange das zurückgebliebene Tier oder die zurückgebliebenen Tiere trauern, kann sich höchst individuell gestalten. Natürlich spüren die Tiere auch Ihre Trauer und reagieren gegebenenfalls entsprechend darauf.

Am besten unterstützen Sie Ihr zurückgebliebenes Tier vermutlich, indem Sie versuchen, Routinen aus der Zeit vor dem Tod Ihres Hundes so weit wie möglich beizubehalten. Strukturierte, sich wiederholende Abläufe sind für Tiere wichtig, sie vermitteln ihnen Sicherheit und Orientierung.

Einige wichtige Formalitäten

Unabhängig davon, ob Ihr Hund friedlich zu Hause einschläft, eingeschläfert werden muss oder durch einen Unfall ums Leben kommt: Der Tod muss durch einen Tierarzt bescheinigt werden (oder anderweitig glaubhaft gemacht werden). Das Dokument benötigen Sie, um die Haftpflichtversicherung und die Hundesteuer für Ihren Hund abzumelden. Denken Sie auch daran, Tierregister wie beispielsweise Tasso über den Tod zu informieren.

Sollten Sie Ihren Hund aus persönlichen Gründen abgeben müssen, müssen Sie dies ebenfalls durch eine Bescheinigung (zum Beispiel des Tierheims oder des neuen Besitzers) nachweisen. Wenn Ihr Hund entlaufen ist oder gestohlen wurde, müssen Sie dies glaubhaft versichern können, um von weiteren Zahlungen befreit zu werden.

Doch nun ein paar Schritte zurück und zu einer zentralen Fragestellung, mit der Sie als Hundebesitzer mit sehr hoher Wahrscheinlichkeit eines Tages konfrontiert werden.

Einschläfern – Fluch oder Segen?

„Sowohl als auch," könnte man diese Frage vermutlich beantworten. Trotz der Entwicklungen in der Tiermedizin, was kurative (heilende) Möglichkeiten gleichsam wie die in der Sterbebegleitung und Palliativmedizin anbelangt, steht ganz am Ende eines Hundelebens sehr häufig die Einschläferung. Im Hinblick auf die Diskussion um Sterbehilfe und assistierten Suizid im humanmedizinischen Bereich ist es meines Erachtens ein Segen, dass es diese Möglichkeit als allerletzte Instanz für unsere Tiere gibt. Der „Fluch", der allerdings darüber liegt, ist (im Unterschied zur Humanmedizin), dass wir als Herrchen oder Frauchen diese Entscheidung für unsere Hunde treffen müssen. Die zentrale und äußerst belastende Frage, die Hundehalter - und auch Tierärzte - dabei umtreibt, ist: „Wann ist der richtige Zeitpunkt?"

Eigentlich ist diese sehr einfach zu beantworten: Dann, wenn das Leid die verbleibende Lebensqualität überwiegt. Leider bringt uns das als Hundebesitzer keinen Schritt weiter, denn genau das ist ja für uns so schwer festzustellen. Und wenn wir irgendetwas auf keinen Fall möchten, dann ist es, aufgrund einer Fehleinschätzung eine falsche Entscheidung treffen.

Beruhigend an dieser Stelle sind zwei Dinge. Erstens: es gibt doch sehr deutliche und klare Anzeichen dafür, dass es unserem Hund wirklich nicht mehr gut geht und auch Diagnosen und Umstände, die keinen Aufschub mehr zulassen. Und zweitens: Fast alle Tierbesitzer, mit denen ich bei der Recherche für dieses Buch gesprochen habe, haben gesagt, dass ihnen ihr Hund zu gegebener Zeit sehr deutlich „gesagt" hat, ob er gehen möchte.

Ich möchte Sie an dieser Stelle wirklich ermutigen, sich zum einen in Ihrer ganz individuellen Situation mit allen beteiligten Fachleuten zu besprechen und abzustimmen, damit sie ein klares Bild haben, welcher Verlauf zu erwarten ist und welche Anzeichen sie beachten können oder müssen. Zum anderen: vertrauen Sie auf die gewachsene Beziehung zwischen Ihnen und Ihrem Tier, bleiben Sie sensibel für Veränderungen und trauen Sie auch Ihrem Bauchgefühl und Ihrer Intuition.

Zu Hause oder in der Tierarztpraxis?

Grundsätzlich gibt es die Möglichkeiten, Ihren Hund in der Tierarztpraxis oder zu Hause in gewohnter Umgebung einschläfern zu lassen.

Beides hat Vor- und Nachteile. Ist die Einschläferung absehbar und planbar, können Sie Vor- und Nachteile in Ihrem individuellen Fall gegeneinander abwägen und eine Entscheidung treffen. In Akutfällen werden Sie voraussichtlich einen Tierarzt oder eine Tierklinik anfahren müssen, da sich ein spontaner Hausbesuch häufig während der Sprechzeiten nicht einrichten lässt.

Viele Hunde haben Angst vor dem Tierarzt und weigern sich schon, die Praxis zu betreten. Natürlich ist dies dann ein zusätzlicher Stressfaktor für Ihr Tier. Auch die Fahrt dorthin kann belastend sein, wenn Ihr Hund beispielsweise kaum mehr transportfähig ist oder auch das Autofahren mit Angst und Unwohlsein verknüpft ist. Ich habe allerdings auch schon von einem Fall gehört, in dem ein Hund, der Autofahren geliebt hat und bei jeder Gelegenheit ins Auto gesprungen ist, im Auto liegend vor der Tierarztpraxis eingeschläfert wurde.

Beim Einschläfern zu Hause bleibt Ihr Hund in seiner vertrauten Umgebung, kann vielleicht in seinem Korb oder auf seinem angestammten Platz liegen.

Je nachdem, wie Ihr Hund „gestrickt" ist, kann allerdings auch gerade das Eindringen des Tierarztes (mit dem er, wenn er ihn kennt, durchaus Unangenehmes verknüpfen kann) in den Schutzraum des eigenen Reviers Stress für den Hund bedeuten, vor allem, wenn er nicht mehr in der Lage ist, diesbezüglich normales Verhalten zu zeigen wie zum Beispiel Anbellen oder Begrüßen.

Einschläfern zu Hause kann auch bedeuten, dass dies durchaus unter erschwerten Bedingungen – wie schlechte Lichtverhältnisse, Arbeiten am am Boden liegenden Tier etc.– stattfinden muss und dass Sie danach mit dem toten Hund allein sind und sich auch um den weiteren Verbleib des Körpers kümmern müssen oder dürfen. Das mag für den einen eine sehr belastende Vorstellung, für den anderen eine zutiefst friedliche sein. Zumal Sie dann die Möglichkeit haben, ganz in Ruhe Abschied zu nehmen und diese Chance auch anderen Bezugspersonen und -tieren bieten können, die bei der Einschläferung in der Tierarztpraxis nicht hätten dabei sein können.

Es ist sinnvoll, dass Sie für diese Situation schon lange im Vorfeld für sich einen Plan machen und diesen mit Ihrer Familie und anderen Bezugspersonen absprechen.

Es kann allerdings dennoch passieren, dass Sie diesen Plan dann im Ernstfall „über Bord werfen" (müssen). Vielleicht geht es Ihrem Tier akut so schlecht, dass Sie nicht warten können, bis der Tierarzt zu Ihnen kommen kann. Vielleicht sind Sie selbst so aufgeregt oder nicht in der Lage, den Hund zu transportieren, dass Sie nicht in die Tierarztpraxis fahren können.

Auf jeden Fall sollten Sie im Vorfeld das Thema schon einmal mit Ihrem Tierarzt besprechen und klären, welche Möglichkeiten er sieht (nicht alle Tierärzte machen Hausbesuche) und was er Ihnen im Notfall raten würde. Es gibt Tierärzte, die auch (oder ausschließlich) mobile Leistungen anbieten – bis hin zu Operationen in einem Tierarzt-Mobil, also einem voll ausgestatteten Praxisbus. Und es gibt Tierärzte, die, zum Beispiel im Rahmen einer Palliativbehandlung, wenn absehbar ist, dass es nun bald zu Ende gehen wird, 24 Stunden erreichbar sind. Darüber hinaus gibt es in manchen Regionen Deutschlands einen mobilen Tiernotdienst, den Sie unter dem entsprechenden Suchbegriff für Ihre Region im Internet ausfindig machen können.

Die folgende Selbstreflexionsübung kann Ihnen mehr Klarheit darüber bringen, wie Sie entscheiden würden, wenn bezüglich des Einschläferungsortes beide Optionen zur Auswahl stehen.

Selbstreflexion: „Einschläfern zu Hause oder in der Tierarztpraxis“

» Was glaube ich, wie würde mein Hund entscheiden? Warum?

» Was ist mir persönlich wichtig?

» Sind andere Bezugspersonen und andere im Haushalt lebende Tiere zu berücksichtigen?

» Gibt es äußerliche Gegebenheiten, wie zum Beispiel die Verfügbarkeit eines Autos oder die Verfügbarkeit unseres Tierarztes für Hausbesuche, die für das eine oder das andere sprechen?

» Sehe ich meinerseits psychische beziehungsweise emotionale Einschränkungen bei der einen oder anderen Option?

Was geschieht beim Einschläfern?

Auch wenn diese Vorstellung alles andere als schön ist, kann es Ihnen Angst und unbegründete Sorgen nehmen, wenn Sie wissen, wie das Einschläfern abläuft und was Sie und Ihr Tier erwartet. So haben Sie die Möglichkeit, auch diesen Prozess ganz bewusst zu erleben und den Abschied aktiv mitzugestalten.

Der medizinische Fachausdruck für Einschläfern lautet „Euthanasie", was aus dem Griechischen kommt und übersetzt so viel wie „schöner Tod" heißt (Eu = gut, schön; thanatos = Tod). Dies beschreibt das „schmerzlose, respektvolle und ästhetische Beenden des Lebens eines einzelnen Lebewesens, um das Leiden und die Schmerzen dieses Individuums zu minimieren." *(J.R. Niggemann und E. Eberspächer-Schweda)*

Es gibt verschiedene Vorgehensweisen beim Einschläfern, allen gemeinsam ist, dass eine tödliche Überdosis eines Narkosemittels verabreicht wird, die sehr schnell zum Herz-Kreislauf-Stillstand führt.

Eine Einschläferung verläuft in zwei beziehungsweise drei Schritten:

1. Sedierung (Beruhigung)

2. Narkose (Ausschalten der bewussten Wahrnehmung)

3. Applikation einer tödlichen Überdosis eines Narkosemittels (Herbeiführen eines Herz- und Atemstillstands und des Gehirntodes)

Für die Applikation der Narkosemittel wird ein Venenzugang gelegt. Je nachdem, ob der Hund sehr unruhig und gestresst ist oder eher ruhig, kann zuvor auch ein Beruhigungsmittel in den Muskel gespritzt werden. Über den Venenzugang wird dann ein Narkosemittel verabreicht. Ist das Legen eines Venenzugangs nicht möglich, zum Beispiel, weil bei schlechten Kreislaufverhältnissen keine gut punktierbare Vene aufgefunden werden kann, kann mit geeigneten Präparaten auch intramuskulär (in den Muskel) oder intraperitoneal (in die Bauchhöhle) eine Narkose verabreicht werden. Erst wenn das Tier in tiefer Bewusstlosigkeit liegt, wird die Überdosis gespritzt, die innerhalb kurzer Zeit zum Herz- und Atemstillstand und dann auch zum Gehirntod führt. Die letzte Injektion kann bei fehlendem Venenkatheder auch direkt in Herz (intrakardial) oder Bauchraum (intraperitoneal) gegeben werden.

Für die Einschläferung verwendete Substanzen

Zur *Sedierung* werden Medikamente aus den Wirkstoffklassen der Opioide und α2-Agonisten wie zum Beispiel Butorphanol und Medetomidin verwendet.

Für die *Narkose* eignen sich beispielsweise Propofol und Diazepam, die auch in der Humanmedizin zum gleichen Zweck eingesetzt werden.

Für die *tödliche Überdosis* kommen Narkosemittel, die Pentobarbital (aus der Wirkstoffgruppe der Barbiturate) enthalten, das Kombinationspräparat T61 oder Kaliumchlorid in Frage. Derzeit sind in Deutschland fünf verschiedene Tierarzneimittel zur Einschläferung im Handel, die Pentobarbital in verschiedener Dosierung enthalten. Da Pentobarbital dosisabhängig zunächst zu einer Ausschaltung des Bewusstseins und dann zu einem Atem - und Herzstillstand führt, könnte es, langsam appliziert, auch ohne vorherige Narkose zur Einschläferung verwendet werden. Viele Tierärzte geben aber dennoch zuvor eine Narkose mit anderen Präparaten. Pentobarbital kann statt über den Venenzugang nach Eintritt einer tiefen Narkose auch direkt ins Herz (intrakardial) oder in die Bauchhöhle (intraperitoneal) gespritzt werden.

Das Kombinationspräparat T61 – bestehend aus Embutramid, einem starken Betäubungsmittel, Mebezoniumiodid, einem Muskelrelaxans (lässt die Muskulatur erschlaffen) und Tetracainhydrochlorid, einem Lokalanästhetikum (macht eine örtliche Betäubung) darf hingegen nur über einen Venenzugang und nur nach vorheriger tiefer Narkose gegeben werden, da die Gefahr bestünde, dass das in der Kombination enthaltene muskelrelaxierende Mittel die Atemmuskulatur hemmt, bevor das enthaltene Betäubungsmittel zur Bewusstlosigkeit führt. T61 wird aus dem genannten Grund sehr kontrovers diskutiert und dementsprechend auch von Tierarzt zu Tierarzt unterschiedlich eingesetzt.

Ein weiteres Narkosemittel, Kaliumchlorid, darf ebenfalls am bereits narkotisierten Tier – über einen Venenkatheder oder intrakardial – eingesetzt werden. Es führt durch eine massive Störung des Elektrolythaushalts zu einem raschen Herzstillstand.

Sie möchten gerne im Vorfeld wissen, was bei einer Einschläferung Ihres Hundes auf Sie zukommen kann und welche Einschläferungsmethode Ihr Tierarzt verwendet? Wie bei allen anderen Unsicherheiten und Irritationen gilt auch hier: Sprechen Sie – beizeiten – mit ihm, äußern Sie Ihre Bedenken und lassen Sie sich so lange beraten, bis Sie alles verstanden und ein gutes Gefühl haben.

Beim Thema Einschläferung wie zu allen anderen Belangen, die die Gesundheit Ihres Tieres angehen, gilt: es spricht überhaupt nichts dagegen, sich eine unabhängige Zweitmeinung einzuholen.

So läuft das Einschläfern ab

Wird Ihr Hund bei Ihnen zu Hause eingeschläfert, können Sie den Platz dafür im Vorfeld nach Ihren Bedürfnissen und denen Ihres Hundes gestalten. Aber auch viele Tierärzte bemühen sich in ihrer Praxis, diesen Moment für Tier und Besitzer so angenehm wie möglich zu gestalten, zum Beispiel, indem sie ermöglichen, dass Sie sich in einem separaten (abgedunkelten) Raum mit Ihrem Tier auf dessen Decke auf den Boden setzen. Wenn Ihr Hund dann einschläft, können Sie ihn in Ihren Schoß betten oder neben ihm sitzen bleiben, so wie Sie und er es gerne mögen oder wie es sich für Sie in dieser Situation richtig anfühlt. Auch über die Gegebenheiten und Möglichkeiten in der Praxis können Sie im Vorfeld mit Ihrem Tierarzt sprechen.

Hat der Hund die Narkose bekommen, wird der Tierarzt nach einiger Zeit den Lidreflex (Zucken bei Berührung des Augenlids) und damit die Narkosetiefe prüfen. Der Ausfall dieses Reflexes ist ein Zeichen für tiefe Bewusstlosigkeit. Sie können dann sicher sein, dass Ihr Hund nichts mehr spürt und wahrnimmt.

Erst wenn dies gewährleistet ist, wird Ihr Tierarzt das Medikament zur Einschläferung geben. Dieses führt innerhalb kürzester Zeit zum Herz- und Atemstillstand und damit zum Tod.

Ihr Tierarzt wird den Tod feststellen, indem er mit dem Stethoskop den Brustkorb Ihres Hundes abhört und damit das Fehlen von Atem- und Herztätigkeit feststellt.

Das Einschläfern inklusive vorheriger (Sedierung und) Narkose dauert in der Regel zwischen 15 und 45 Minuten.

Während des gesamten Prozesses kann es sein, dass Ihr Hund sich bewegt, bis hin zu krampfartigen Zuckungen, die einem epileptischen Anfall ähneln können. Man bezeichnet dies als Exzitationsstadium, das natürlicher Bestandteil des Sterbeprozesses ist. Der Anblick kann für Sie sehr erschreckend sein, seien Sie jedoch versichert, dass diese

Muskelzuckungen eine Art Reflex sind und keinesfalls Ausdruck von Angst oder Schmerz. Auch ein letzter tiefer Atemzug kann vorkommen (durch ein reflexartiges Zusammenziehen des Zwerchfells). Durch die Erschlaffung der Muskulatur – und damit auch der Erschlaffung der Schließmuskeln, kann es sein, dass Ihr Tier während des Einschläferns oder auch noch Stunden danach Urin oder Kot absetzt.

Soll ich bis zum Ende dabei sein?

Vielleicht reagieren Sie jetzt empört und denken sich: Natürlich, das ist ja wohl selbstverständlich. Das schulden wir unseren Tieren. Und ja, wenn wir es schaffen, wenn es uns möglich ist, dann ist es vermutlich das Beste und Schönste für unser Tier, in den Armen von Herrchen und oder Frauchen oder im Kreis seiner Familie einzuschlafen. Und auch für uns selbst kann dieser letzte Dienst an unserem Liebling und die Erfahrung, diese allerletzten Meter auf dem gemeinsamen Weg ganz bewusst miteinander zu gehen, ein sehr wertvolles und wichtiges Erlebnis sein. Nicht zuletzt, was unseren Trauerprozess angeht.

Es gibt aber Menschen, die können das nicht. Die halten es schlicht nicht aus. Und mit höchster Wahrscheinlichkeit ringt jeder Tierbesitzer mit sich und trifft eine Entscheidung „dagegen" alles andere als leichtfertig. Es steht aber auch in diesem Fall niemandem zu, zu urteilen, der „nicht ein paar Meilen in den Mokassins des anderen gegangen ist", und zum Glück gibt es auch in dieser Situation viele Mittelwege und Optionen. Vielleicht haben Sie eine schlimme Erfahrung beim Sterben eines Tieres zu früherer Zeit gemacht, vielleicht sind Sie mit der Konfrontation mit dem Tod psychisch völlig überfordert. Vielleicht sind Sie aber auch nicht vor Ort und die Einschläferung kann nicht bis zu Ihrem Eintreffen aufgeschoben werden usw. Es kann viele gute Gründe geben. Wenn es Ihnen aus emotionalen Gründen nicht möglich ist, bei der Einschläferung dabei zu sein, gibt es beispielsweise die Möglichkeit, dass eine andere enge Bezugsperson

Ihren Liebling auf seinem letzten Gang begleitet oder dass Sie dabei sind, bis Ihr Tier in tiefer Narkose liegt, dann aber bei der Injektion der tödlichen Überdosis nicht mehr. Vielleicht können Sie danach wieder zu Ihrem Hund gehen und Abschied nehmen. Letzteres kommt übrigens laut Aussage der Tierärzte, mit denen ich gesprochen habe, relativ häufig vor. Dass jemand sein Tier beim Tierarzt zum Einschläfern abgibt und geht, hingegen so gut wie nie. Die meisten Besitzer bleiben mindestens so lange bei Ihrem Tier, bis es eingeschlafen ist, viele sind während des gesamten Prozesses dabei.

Bedenken Sie auch, dass Sie selbst eventuell emotionale Unterstützung brauchen und wollen könnten. Überlegen Sie beizeiten, wer die Person sein könnte, die Sie dann gerne an Ihrer Seite hätten, und sprechen Sie mit ihr darüber, ob Sie sich vorstellen könnte, Sie im Ernstfall zu begleiten.

Abschied in der Tierarztpraxis

Stirbt Ihr Hund in der Tierarztpraxis, sind die Voraussetzungen andere, als wenn er zu Hause stirbt. Sprechen Sie deshalb beizeiten einmal mit Ihrem Tierarzt, welche Möglichkeiten zum Abschiednehmen und welche Einschränkungen es eventuell gibt. Wie bereits erwähnt, bieten viele Tierärzte einen Rahmen, der Ihnen Raum und Zeit gibt, sich von Ihrem Tier zu verabschieden. Wenn Sie darüber im Vorfeld schon einmal gesprochen haben, dann denken Sie zu gegebener Zeit vielleicht auch eher daran, was Sie mitnehmen möchten, um den Abschied in Ihrem Sinne zu gestalten wie beispielsweise eine Decke, eine Kerze, Musik oder Ähnliches. Falls Sie den Körper Ihres Hundes beim Tierarzt lassen, denken Sie gegebenenfalls daran, sich ein Erinnerungsstück in Form von Haaren, einen Pfotenabdruck oder beispielsweise das Halsband mitzunehmen.

7

Unser Reisetagebuch – letzte Ruhe und Gedenken

Wie will ich Deiner gedenken?

Nach dem Tod Ihres Hundes rücken Sie und alle anderen Hinterbliebenen mit Ihren Wünschen und Bedürfnissen in den Mittelpunkt. Wie möchten Sie die „letzte Ruhe" und das Gedenken an Ihren Hund gestalten? Welche Personen und Tiere sollen in welcher Weise beteiligt sein? Braucht es einen festen Platz, im Sinne eines Grabes, an dem Sie das Gedenken an Ihren Hund verorten können, oder etwas, dass Sie zukünftig immer bei sich tragen können?

Auf den folgenden Seiten finden Sie eine Aufzählung und Erläuterung verschiedener Möglichkeiten, Ideen und Anregungen und natürlich auch wieder die Gelegenheit, mithilfe einiger Fragen in sich hineinzuhorchen beziehungsweise mit anderen darüber ins Gespräch zu kommen.

Doch nun stellt sich als erstes die Frage, was mit dem Körper Ihres verstorbenen Hundes grundsätzlich geschehen kann und soll.

Letzte Ruhe

Im Grunde kann man die Vielzahl an Optionen, die es für den Verbleib des Körpers Ihres Hundes gibt, drei Oberpunkten unterordnen:

- Beerdigung
- Kremierung
- Tierkörperverwertung

Vielleicht haben Sie bereits eine ganz klare Vorstellung beziehungsweise ein „Bauchgefühl" und es gibt für Sie das eine andere „must have" und vielleicht ebenso einige „no gos". Selbst, wenn dem so ist, kann es hilfreich sein, dies noch einmal unter emotionalen und auch organisatorischen Gesichtspunkten zu überprüfen.

Ich möchte Ihnen an dieser Stelle wirklich ans Herz legen, sich zu einer Zeit, in der Sie ohne Notwendigkeit und in Ruhe über diese Entscheidung nachdenken können, Gedanken zu machen, mit allen beteiligten Personen zu sprechen und sich über Wünsche und Bedürfnisse auszutauschen. Während meiner Recherche, in Gesprächen mit Tierbestattern und Tierärzten und natürlich in denen mit meinen Klienten habe ich mehrmals gehört, dass Tierbesitzer es bereut haben, sich mit dem Thema im Vorfeld nicht beschäftigt zu haben, und dass sie so das Gefühl hatten, in einer emotional sehr belastenden Situation Entscheidungen getroffen zu haben, mit denen sie dann im Nachhinein nicht vollkommen zufrieden waren. Außerdem wichtig: Wenn Sie sich entschieden haben, also Plan A steht, denken Sie bestenfalls über einen Plan B nach, für den Fall, dass Plan A im Akutfall nicht funktioniert.

Im Folgenden möchte ich Sie dazu anregen, anhand einiger Impulsfragen herauszufinden, was für Sie und gegebenenfalls andere Bezugspersonen Ihres Hundes in Bezug auf den Verbleib des Hundekörpers wichtig ist. Im Anschluss finden Sie dann ausführliche Informationen zu den einzelnen Optionen.

Selbstreflexion: „Bestattungsart und -ort“

- Welche Rolle spielt der Körper meines Hundes für mich und meine Familie?
- Habe ich eine grundsätzliche Haltung zur Erdbestattung vs. Einäscherung? Was spricht für mich persönlich für das eine oder das andere?
- Wenn eine Erdbestattung in Frage kommt, möchte ich meinen Hund dann im eigenen Garten begraben? Erfüllt mein Garten die an meinem Wohnort geltenden Voraussetzungen dafür?
- Besteht die Möglichkeit, dass ich innerhalb der nächsten Jahre umziehen werde? Wäre es dann in Ordnung für mich, die sterblichen Überreste meines Hundes am aktuellen Wohnort zurückzulassen?
- Welche Rolle spielt für mich eine individuell gestaltbare letzte Ruhestätte meines Hundes?
- Gibt es getrennt wohnende Bezugspersonen, die vielleicht alle eine Erinnerung an meinen Hund haben möchten?

Tierkörperbeseitigung

Dass der Körper eines in einem Privathaushalt verstorbenen Hundes der Verwertung durch eine Tierkörperbeseitigungsanstalt (TBA) zugeführt wird, ist inzwischen eher selten, unter den Menschen, die dieses Buch in den Händen halten, vermutlich verschwindend gering. Denn dieser Weg kommt nur dann in Frage, wenn keine Bestattung gewünscht ist.

Auch wenn die Vorstellung für die meisten von uns vermutlich grauenhaft ist, möchte ich an dieser Stelle trotzdem nicht urteilen und werten. Von finanziellen Gründen bis hin zu Überzeugungen, die den physischen Leib betreffen, kann es eine Vielzahl von individuellen Gründen geben, sich bewusst für diesen Weg zu entscheiden. Der Vollständigkeit und Transparenz halber möchte ich Ihnen in Folgenden – zumindest in den Grundzügen – beschreiben, was mit dem Tierkörper in der Beseitigungsanstalt geschieht. Wenn Sie das lieber nicht lesen möchten, überspringen Sie den Abschnitt.

Das verstorbene Tier wird in einem Sammelfahrzeug, zusammen mit Schlacht- und anderen Abfällen der Material-Kategorie 1 (Einteilung nach hygienischen Gefahrenpotenzial), von der Tierkörperbeseitigungsanstalt beim Tierarzt oder bei Ihnen zu Hause abgeholt. Mancherorts gibt es auch „Kleintiersammelstellen", an denen das tote Tier abgegeben werden kann und dann einer Verwertungsanlage zugeführt wird.

Die Tierkörperbeseitigung über Sammelstellen und Tierkörperbeseitigungsanstalten wird durch das Tierkörperbeseitigungsgesetz (TierKBG) beziehungsweise die Nachfolgeregelung, das Tierische-Nebenprodukte-Beseitigungsgesetz (TierNebG) geregelt. Mit diesem Gesetz werden Vorgaben der EU-Verordnung zur Verwertung und Beseitigung von Tierkörpern und Schlachtabfällen geregelt.

Zur Kategorie 1 gehören „Fleisch und tierische Nebenprodukte mit dem höchsten Risiko und Gefahrenpotential, also Haustiere, Wildtiere oder Nutztiere, die aus Krankheitsgründen getötet wurden oder verendeten, insbesondere verseuchte Tiere sowie mit Chemikalien oder verbotenen Stoffen kontaminierte Tiere und Versuchstiere."

Die Tierkörper werden in mehreren Arbeitsgängen nach verwertbaren Materialien getrennt, wie beispielsweise Fell, Haut und Blut. Anschließend werden Sie zerkleinert und zur Abtötung von Keimen bei mindestens 133 °C sterilisiert.

Die aus Kategorie 1-Tieren entstehenden Materialien, wie Knochenmehl und Fett, dürfen nur außerhalb der Nutzung als Nahrungs- oder Futtermittel eingesetzt (zum Beispiel als Schmieröl für Industrieanlagen) oder verbrannt beziehungsweise thermisch verwertet werden, zum Beispiel zum Heizen.

Vom diesem einen Extrem zu einem anderen, das den meisten von uns vermutlich ähnlich absurd erscheint, die Vorstellung jedoch wesentlich weniger belastend ist: Die Weltraum-Bestattung.

Weltraum-, Mondbestattung & Co.

Vielleicht denken Sie jetzt, das sei ein Scherz, aber nein, das ist es nicht. Derzeit zwar nur in den USA durchgeführt, besteht auch für Deutschland (und andere europäische Länder) die Möglichkeit, einen Teil der Asche eines verstorbenen Tieres im Weltraum zu „bestatten".

Ich werde diesbezüglich nicht weiter in die Tiefe gehen, aber wenn Sie Details erfahren möchten, finden Sie dazu ausführliche Informationen im Internet. Was ich damit aber zum Ausdruck bringen möchte: nahezu alles ist möglich, was auch bei der Bestattung von Menschen beziehungsweise menschlichen Überresten möglich ist. Zu den gängigeren besonderen Bestattungsformen gehören zum Beispiel die Seebestattung und die Flugbestattung, bei denen die Urne per Schiff oder Flugzeug auf dem Meeresboden beigesetzt wird. In der Schweiz sind außerdem Almwiesen- und Felsbestattungen möglich, in Frankreich und Tschechien darf Asche aus einem Heißluftballon über unbewohntem Gebiet ausgestreut werden. Diese außergewöhnlichen Bestattungsformen sind vor allem eine Frage der Organisation und teilweise des Geldes. Wenn Sie einen besonderen Wunsch haben, forschen Sie am besten frühzeitig nach.

Nach diesem kleinen – hoffentlich erholsamen – Ausflug in schwindelnde Höhen kommen wir zurück auf den Boden. Besser gesagt in den Boden, denn dort wird wohl in vielen Fällen die letzte Ruhestätte unserer Lieblinge sein.

Die grundsätzliche Frage, die hierbei zu klären ist, ob Sie eine Erdbestattung oder eine Einäscherung wünschen. Für beide Optionen gibt es einige Argumente, die jeweils dafür beziehungsweise dagegen sprechen. Bei der Entscheidung spielen vor allem Ihre persönlichen Wünsche, aber auch Ihre örtlichen Gegebenheiten und Lebensumstände eine Rolle.

Beerdigung im (eigenen) Garten

Unser Anton ist ein leidenschaftlicher „Draußen"-Hund. Mit keiner anderen Frage wie „Raus?" kann man so viel Aufmerksamkeit und Begeisterung bei ihm auslösen. Er verbringt den Sommer gewissermaßen im Schatten (s)eines Baumes. Plan A heißt für uns deshalb: Beisetzung mit Kuscheldecke und Kroko (dem Lieblingsstofftier) unter dem Apfelbaum in unserem Garten.

Die Beerdigung im eigenen Garten (oder im Garten von Freunden oder Verwandten) ist nach wie vor eine der beliebtesten Bestattungsformen – am besten an

Das Grab von Beagle-Mix Charlie von Romy Fischer und Tanja Brauner im Garten von Freunden

einem der Lieblingsliegeplätze des verstorbenen Hundes. Für die Umsetzung dieses Wunsches müssen allerdings einige Voraussetzungen erfüllt sein und es ist die „unflexibelste" Lösung, denn im Falle eines Umzuges müsste man das Grab zurücklassen.

Ein Anruf bei unserer Gemeindeverwaltung mit Weiterleitung an das zuständige Veterinäramt gab für Plan A grünes Licht, da unser Apfelbaum-Grab die lokal geltenden Bedingungen erfüllt:

- Es liegt nicht auf öffentlichem Grund und grenzt auch nicht unmittelbar an diesen

- Es liegt nicht in einem Wasserschutzgebiet

- Es wäre so tief, dass mindestens 50 cm Erde den Tierkörper nach oben bedecken würden.

Eine Nachfrage bei Ihrer Gemeinde, dem ansässigen Veterinär- oder Ordnungsamt, kann auf jeden Fall sinnvoll sein. Zum Teil gibt es je nach Bundesland oder Gemeinde unterschiedliche Vorgaben. Im Bundesland Bremen ist es zum Beispiel gar nicht erlaubt, ein Tier im eigenen Garten beizusetzen, da der Grundwasserspiegel dort sehr hoch ist.

Aber was, wenn Anton im Winter stirbt und der Boden vielleicht durchgefroren ist? Plan B lautet also: Einzelkremierung und gegebenenfalls Urnenbeisetzung unter dem Apfelbaum zu einem späteren Zeitpunkt.

Beerdigung auf einem Tierfriedhof

Wenn Sie eine Erdbestattung für Ihren Hund wünschen, aber nicht die Möglichkeit haben, ihn im eigenen Garten beizusetzen, bieten Tierfriedhöfe die Möglichkeit, eine letzte Ruhestätte für Ihren Hund und damit einen Ort des Gedenkens für Sie zu schaffen. Bei der Beerdigung auf einem Tierfriedhof zahlen Sie für die Öffnung, Bereitstellung und Schließung des Grabes einen bestimmten Betrag – in dem zum Teil auch eine Gedenktafel (Beschriftung kostet extra) enthalten ist. Hinzu kommt dann die Grabmiete für einen bestimmten Zeitraum (zum Beispiel fünf Jahre mit der Option auf Verlängerung). Der Preis variiert nach Größe des Hundes – und damit nach Größe des Grabes.

Viele Tierfriedhöfe bieten über den reinen Besuch während der Öffnungszeiten hinaus auch persönliche Beratung und Besichtigungstermine an. Nutzen Sie diese, wenn Sie möchten, für Ihre Entscheidungsfindung.

Der Tierfriedhof in Nürnberg

Die Einäscherung in einem Krematorium

Wie bei uns Menschen ist die Einäscherung auch für unsere Hunde eine heute häufig gewählte Bestattungsform. Die Einäscherung (Kremierung) erfolgt in einem Krematorium, einer Art „Hochofen", in dem der Tierkörper zu Asche und Knochenresten verbrannt wird. Die Tierkrematorien sind mit einem eigenen Bestattungsunternehmen verknüpft, das bundesweite Zweigstellen hat, sie arbeiten aber auch mit freien Bestattern zusammen, die Tiere aus dem Umkreis zur Kremierung vorbeibringen und dann die Asche wieder abholen. Viele Krematorien haben einen „Tag der offenen Tür" oder bieten Führungen an, bei denen man sich mit den Abläufen vertraut machen kann und auch die Räumlichkeiten kennenlernen kann. Zwei große und bekannte Tierbestattungsunternehmen mit eigenen Krematorien sind „Rosengarten" und „Anubis" mit deutschlandweiten Standorten.

Ablauf der Einäscherung

Ihr Hund wird entweder von Ihnen selbst zum Krematorium gebracht oder von einem von Ihnen beauftragten Tierbestatter bei Ihnen zu Hause oder beim Tierarzt abgeholt und zum Krematorium gebracht. Dort wird Ihr Tier, eindeutig gekennzeichnet, bis zur Kremierung in einem Kühlraum aufbewahrt. Zwischen Tod und Kremierung können bis zu 10 Tage vergehen.

Grundsätzlich gibt es die Möglichkeit, zwischen Einzelkremierung und Sammel- oder Basiskremierung zu wählen. Entscheiden Sie sich für eine Einzelkremierung, bieten manche Krematorien im Rahmen ihres Bestattungsservice sogenannte „Direkt-oder Terminkremierungen" an. Das heißt, Sie vereinbaren einen Termin für die Einäscherung Ihres

Hundes. Diesen können Sie gemeinsam mit dem Bestattungsunternehmen individuell gestalten. Das Tier wird – wie beim freien Bestatter auch – in einem „Abschiedsraum" aufgebahrt, es besteht die Möglichkeit selbst eine Abschiedsfeier zu gestalten und sich auf Wunsch auch von den Mitarbeitern des Bestattungsunternehmens dabei begleiten und unterstützen zu lassen. Im Anschluss können Sie, wenn Sie möchten, durch ein Sichtfenster – dem ersten Teil – der Kremierung zusehen beziehungsweise diese als Video aufzeichnen lassen, das Sie im Nachgang erwerben können. Die Zeit bis zum Abschluss der Kremierung können Sie frei gestalten oder sich beispielsweise bei der Auswahl einer Urne beraten lassen. Im Anschluss können Sie die Asche Ihres Tieres direkt mit nach Hause nehmen.

Bei einer Einzelkremierung wird dem Körper Ihres Hundes bei der Einäscherung ein Schamottstein beigelegt, der auch später mit in die Urne kommt, und es ermöglicht, die Asche – auch nach vielen Jahren noch – eindeutig ihrem Tier zuzuordnen. So können Sie also sicher sein, dass sie wirklich die Asche Ihres Tieres erhalten.

Sollten Sie sich für einen Sarg entschieden haben, wird Ihr Tier in diesem verbrannt, andernfalls liegt der Leichnam zur Einäscherung in einem Karton. Kleine Beigaben aus natürlichen Materialien, wie zum Beispiel Bilder, Briefe und Blumen sind in der Regel möglich, synthetische Stoffe wie Decken, Liegekissen oder Kuscheltiere können meist nicht mit verbrannt werden, hierzu können Sie sich aber im Einzelfall beraten lassen.

Bei der Kremierung wird der Körper des Hundes bei ca. 900 – 1000 °C verbrannt. Für einen 30 kg schweren Hund dauert dies ca. zwei bis zweieinhalb Stunden – zum Vergleich: für einen Wellensittich würde es ca. 15 Minuten dauern.

Es entsteht eine Ansammlung von feiner Asche und Knochen. Für die Aufbewahrung in der Urne werden die Knochen noch zerkleinert, sie bleiben aber als Splitter sichtbar. Sollten Sie die Asche verstreuen wollen, sollten Sie dies im Vorfeld angeben, dann wird sie dafür pulverisiert.

Die Bestattungsunternehmen haben eine große Auswahl an Urnen vorrätig, allerdings dürfen Sie auch ein eigenes Gefäß mitbringen, in dem Sie die Asche Ihres Hundes zukünftig aufbewahren wollen.

Sollten Sie sich ein Erinnerungsstück an Ihren Hund in Form eines Diamanten (dazu später noch etwas mehr) oder eines Kristalls wünschen, besprechen Sie dies auf jeden Fall vor der Einäscherung mit dem Bestatter.

Wie Sie nun mit der Asche Ihres Tieres weiter verfahren können, dafür gibt es auch eine Vielzahl von Möglichkeiten.

Umgang mit der Asche

Eine Möglichkeit ist es, die Urne beizusetzen - im eigenen Garten, im Meer oder auf einem Tierfriedhof. Im Gegensatz zu menschlicher Asche darf tierische Asche mit nach Hause genommen und auch aufgeteilt werden. So können zum Beispiel mehrere, getrennt voneinander lebende Bezugspersonen eine Urne mit Asche erhalten und mit an einen neuen Wohnort - oder später auch mit ins eigene Grab - nehmen. Die Urne dürfen Sie zu Hause aufbewahren. Viele Tierbesitzer gestalten einen Gedenkort in Ihrer Wohnung, den Sie mit Bildern und anderen Erinnerungen schmücken.

Ebenfalls anders als dies beim Menschen ist, darf tierische Asche verstreut werden. Manche Tierbesitzer finden es eine schöne Idee, die Asche ihres verstorbenen Hundes an Orten in der Natur zu verstreuen, an denen sie oft mit ihrem Hund waren oder an denen der Hund sehr gerne gelegen hat.

Sammelkremierung und Basiskremierung

Es gibt außerdem die – etwas günstigere – Möglichkeit Ihren Hund gemeinsam mit anderen Tieren einäschern zu lassen. Die Asche kommt dann in ein Sammelgrab beziehungsweise in ein Streubeet, das Sie immer besuchen können. Eine eindeutige Zuordnung der Asche ist in diesem Fall aber nicht möglich. Allerdings gibt es zum Teil die Möglichkeit, individuelle Gedenktafeln oder ähnliches im Bereich des Sammelgrabes anzubringen.

Eine Basiskremierung ist die günstigste Variante und läuft genauso ab wie eine Sammelkremierung. Allerdings wird die Asche keinem Grab zugeführt, sondern vom Bestattungsinstitut an verschiedenen Orten verstreut, sodass Sie im Nachgang keinen Ort haben, den Sie besuchen können.

Das Streubeet auf dem Gelände von Rosengarten Tierbestattung

Bestattungsunternehmen oder Eigenregie?

Tierbestatter können im Trauerfall eine große Unterstützung sein. Es gibt inzwischen ein sehr breit gefächertes Angebot, das auch schon vor dem Tod Ihres Tieres beginnen und auch die Zeit danach einschließen kann. Wenn Sie sich begleiten lassen möchten, recherchieren Sie, welches Angebot es bei Ihnen vor Ort gibt. Lernen Sie Bestatter und Räumlichkeiten kennen, wählen Sie denjenigen, bei dem Sie sich wohlfühlen.

Wenn Sie sich selbst um alles kümmern möchten, halten Sie Adressen und Telefonnummern parat, es schadet auch nicht, eine Liste zu haben, auf der Sie die zu erledigenden Aufgaben nacheinander abhaken können, sodass Sie in einem emotional stark belasteten Zustand nichts Wichtiges vergessen.

Wenn Sie ein gutes und vertrauensvolles Verhältnis zu Ihrem Tierarzt haben, sprechen Sie beizeiten mit ihm. Er kann Ihnen vielleicht aus seiner Erfahrung heraus hilfreiche Tipps und natürlich auch Adressen geben.

Was macht eigentlich ein Tierbestatter genau?

Die Tätigkeit eines Tierbestatters ist der eines Bestatters für Menschen recht ähnlich. Zu den zentralen Tätigkeiten des Tierbestatters gehören:

- die Abholung des Tieres bei Ihnen zu Hause oder in der Tierarztpraxis (wenn Sie Ihr Tier nicht selbst zum Bestatter oder zum Krematorium bringen)

- die Aufbahrung des Tieres zum Abschiednehmen
- die Aufbewahrung und Kühlung des Tierkörpers bis zur Überführung zu einem Friedhof oder Krematorium
- die Überführung zu einem Tierfriedhof oder zu einem Krematorium
- die Rückführung der Asche zu Ihnen

Die Mitarbeiter der Bestattungsunternehmen unterstützen Sie außerdem bei der Auswahl eines Sarges oder einer Urne für Ihr Tier, beraten Sie zu Erinnerungsstücken und bieten gegebenenfalls auch die (Mit-) Gestaltung einer Trauerfeier an. Viele Tierbestatter begleiten die Tierbesitzer auch emotional – vor und nach dem Tod des Tieres. Dazu später noch etwas mehr.

Mit welchen Kosten muss ich rechnen?

Die Tabelle auf Seite 148 gibt Ihnen eine Übersicht über die ungefähren Kosten, die im Zusammenhang mit dem Tod Ihres Hundes auf Sie zukommen können. Allerdings kann ich Ihnen hier allenfalls Richtwerte nennen.

Optionen	Kosten	Erläuterung
Einschläferung in der Tierarztpraxis	Zwischen 50 € bis 200 € (für die Einschläferung allein)	Setzt sich zusammen aus Einschläferung selbst, Medikamenten, und Umgang mit dem Tierkörper nach dem Tod. Nachts und an Wochenenden und Feiertagen fallen zum Beispiel höhere Gebühren an. [Gegebenenfalls geht der Einschläferung noch ein (erfolgloser) Behandlungsversuch voraus, dessen Kosten dazu kommen.]
Einschläferung zu Hause	Wie in der Praxis plus Fahrtkosten	
Tierkörperbeseitigung	Zwischen 1 € und ca. 50 €	Die Kosten und die (anteilige) Kostenübernahme durch den Tierhalter sind in den Bundesländern sehr unterschiedlich geregelt.
Basiskremierung	Kremierung: 45 € bis 105 € Abholung: 0 € bis 35 € Überführung: 25 € – 100 €	Abhängig vom Gewicht des Hundes und zu fahrenden Kilometern. Unterschiedlich je nach Bestattungsinstitut bzw. auch davon abhängig, ob ein Bestatter gesondert beauftragt wird.
Sammelkremierung	Kremierung: 75 € bis 375 € Abholung: 0 € bis 35 € Überführung: 25 € bis 100 €	Teilweise sehr unterschiedlich, je nach Bestattungsinstitut bzw. auch davon abhängig, ob ein Bestatter gesondert beauftragt wird.

Einzelkremierung	Kremierung: 105 € bis 395 € Abholung: 0 € bis 35 € Überführung: 25 € bis 100 € Rückführung: 15 € bis 30 € Es können zusätzliche Kosten von ganz unterschiedlicher Höhe für zum Beispiel Terminkremierung mit Aufbahrung, Filme, Fotos, Erinnerungsstücke, Zertifikate etc. entstehen.	Teilweise sehr unterschiedlich, je nach Bestattungsinstitut bzw. auch davon abhängig, ob ein Bestatter gesondert beauftragt wird.
Urne oder Sarg	Von 20 € bis 400 € (und darüber hinaus)	Je nach Ausführung und Material, nach oben hin sind dem natürlich keine Grenzen gesetzt.
Erdbestattung auf einem Tierfriedhof (Graböffnung und -schließung)	Je nach Grabgröße zwischen 240 € und 340 €	Hinzu kommt die Grabmiete für einen bestimmten Zeitraum in Höhe von mehreren Hundert Euro.
Urnenbeisetzung auf einem Tierfriedhof (Urnengraböffnung und -schließung)	Ca. 120 €	
Grabplatte, Grabstein, Gedenktafel	Teilweise ohne Beschriftung im Grab- oder Urnenpreis enthalten. Beschriftung kostet beispielhaft pro Buchstabe 4,70 €.	Individuell gestaltbar, abhängig von Material, Größe, Beschriftung

Sterbeversicherung für Haustiere

In einer Sterbeversicherung für Haustiere können Sie bereits alle Ihre Wünsche festlegen, sodass Sie sich dann im Ernstfall um nichts mehr kümmern müssen. Je nach Größe des Tieres fällt ein monatlicher Betrag an, mit dem Sie die Summe für die von Ihnen gewünschten Dienstleistungen ansparen. Näheres können Sie bei den einzelnen Anbietern erfragen.

Mensch-Hund-Grab – für immer vereint

Auf manchen Friedhöfen ist es möglich, Mensch und Tier gemeinsam beizusetzen. Wenn Sie den Wunsch haben, gemeinsam mit Ihrem Hund beigesetzt zu werden, sollten Sie dies in Ihren Unterlagen, zum Beispiel in Form einer Bestattungsverfügung, schriftlich festhalten. Eine gemeinsame letzte Ruhestätte ist nur in Form eines Urnengrabes möglich. Eine gemeinsame Einäscherung oder das Zusammenführen der Asche von Hund und Mensch in einer gemeinsamen Urne ist nicht möglich.

Andenken und Gedenken

„Der Tod ist das Ende des Lebens, aber nicht das Ende der Liebe."

Es gibt eine Vielzahl an Möglichkeiten des Gedenkens an Ihren verstorbenen Hund. Angefangen von der Urne oder der Grabstätte, in der sich die sterblichen Überreste befinden, über eine große Auswahl an greifbaren Erinnerungsstücken bis zu den Gefühlen und Erinnerungen, die tief in Ihrem Herzen abgespeichert sind.

Vielleicht möchten Sie einen Platz in Ihrer Wohnung gestalten, vielleicht einen Ort in der Natur? Gerade die Gestaltung von Erinnerungsorten und -stücken bietet sich an, um Kinder und andere Bezugspersonen Ihres Hundes mit einzubinden. Was selbstgestaltete Erinnerungen angeht, sind Ihrer Fantasie keine Grenzen gesetzt, zu den Klassikern zählen hier sicherlich Fotos, selbstgemalte Bilder, bemalte Steine oder etwas Selbstgetöpfertes.

Aber auch das Angebot an käuflichen Erinnerungsstücken ist inzwischen recht groß. Angefangen bei einer riesigen Auswahl an Tierurnen über eine wahlweise ganz schlichte oder naturgetreue Nachbildung Ihres Lieblings in Ton bis hin zu künstlerisch gestaltetem Schmuck, in den Asche oder Haare Ihres Hundes eingearbeitet werden. Wie weiter vorne bereits kurz erwähnt, gibt es zum Beispiel die Möglichkeit aus der Asche Ihres Hundes einen Diamanten oder einen Kristall pressen zu lassen, die dann weiter in einem Schmuckstück verarbeitet werden können.

Im Folgenden will ich Ihnen ein paar Beispiele für Gedenk- und Erinnerungsstücke nennen und ein paar sehr persönliche Fotos von Erinnerungsstücken abbilden, die mir Besitzer verstorbener Hund zur Verfügung gestellt haben. Zu allen unten genannten Beispielen finden Sie unter dem entsprechenden Suchbegriff ausführliche Informationen im Internet.

Wenn Sie die Selbstreflexionsfragen beantwortet haben oder die Bilder Sie zu eigenen Ideen inspirieren, möchten Sie die Liste vielleicht ergänzen:

- Gekaufte, selbstgetöpferte oder anderweitig selbst gestaltete Urne
- Selbstgestaltetes oder gekauftes Kreuz, Grabstein oder Gedenkschild
- Selbstgestaltetes Foto- oder Erinnerungsbuch
- Bilderrahmen mit Asche dahinter
- Pfotenabdruck in Farbe oder in Gips
- Haar- oder Ascheschmuck in Epoxidharz, Glas oder Silber
- Mit Fotos bedruckte Gegenstände wie Tassen, Kissen etc.
- Gemälde

Selbstgetöpferte Urne von Sandra Baumgartl für ihre Mischlingshündin Cora

Urne zum Gedenken an Tierschutzhündin Luna aus Rumänien von Melissa Linsel

- Kristall oder Diamant aus Asche
- 3D-Bild in Glas
- Tattoo

Auch hierzu wieder ein paar Impulsfragen: Wenn Sie sich vorstellen, dass Ihr Hund eines Tages nicht mehr lebt, und sein Körper entweder eingeäschert oder begraben wurde, wie möchten Sie die Erinnerung an ihn bewahren, was ist Ihnen diesbezüglich wichtig?

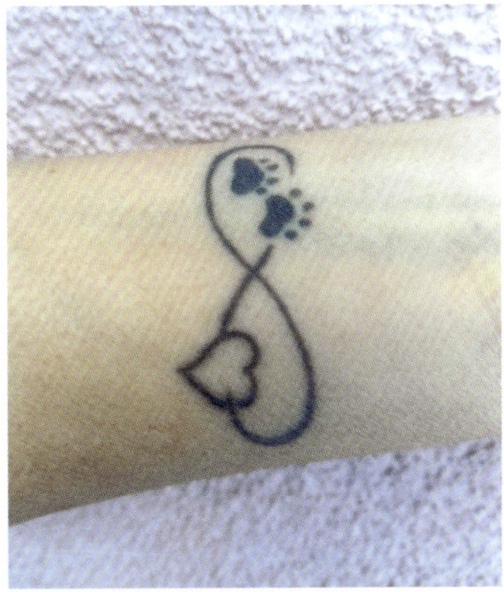

Tattoo zur Erinnerung an Zwergpudel Balu

Gedenken an Sammy von Viktoria Reiß

Selbstreflexion: „Gedenkstücke"

» Ist es mir wichtig, ein „physisches" Andenken an meinen Hund zu haben?

» Möchte ich ein Erinnerungsstück haben, das ich immer bei mir tragen kann, zum Beispiel ein Schmuckstück wie einen Anhänger oder Ring, oder etwas, das ich immer in der Hosentasche tragen und ab und zu in die Hand nehmen kann?

» Möchte ich das Erinnerungsstück gerne selbst gestalten oder lieber etwas kaufen oder individuell anfertigen lassen?

8

Alleine weitergehen – die Zeit und die Gefühle danach

Die erste Zeit „danach“

Je nachdem, wie und wo Ihr Hund gestorben ist, werden Sie sich danach in ganz unterschiedlichen Situationen wiederfinden. Vielleicht ist Ihr Hund in der Tierarztpraxis oder in der Tierklinik verblieben und Sie kehren in ein leeres Haus zurück oder aber der verstorbene Hund befindet sich bei Ihnen zu Hause. Wie geht es Ihnen jetzt?

Es kann gut sein, dass Sie erst einmal in einer Art Schockzustand sind und fast gar nichts spüren. Es gibt eine Menge zu organisieren und viele Dinge, um die Sie sich zeitnah kümmern müssen. In den folgenden Tagen werden Sie sich gegebenenfalls um die Beisetzung und Gedenkstücke kümmern, ein paar offizielle Dinge, wie die Abmeldung von Versicherungen etc. müssen erledigt werden. Das hält Sie erst einmal im Tun und im „Funktionsmodus“.

Früher oder später aber wird sich die Erkenntnis, dass Ihr Hund tot ist und nicht wiederkommt in Ihr Bewusstsein schleichen – oder aber sie trifft Sie plötzlich und mit Wucht. Das Gefühlskarussell, in dem Sie eventuell vor dem Tod Ihres Hundes schon eine ganze Weile saßen, kommt auch jetzt nicht zum Stillstand oder es beginnt erst jetzt sich zu drehen. Vielleicht wird die Sorge, die sehr kurz oder sehr lang Ihr Begleiter war, nun von Trauer abgelöst. Vielleicht stellt sich eine seltsame Ruhe ein. Oder Sie spüren Erleichterung oder einen tiefen inneren Frieden. Vielleicht schlägt die Angst um Ihren Hund um in Angst um sich selbst. Wie sollen Sie nun ohne ihn weiterleben, wie den Verlust verarbeiten?

All diese Gefühle dürfen sein, jedes hat seine Berechtigung – und jedes möchte Ihnen etwas Wichtiges sagen. Was Sie mit hoher Wahrscheinlichkeit gerade nicht hören möchten.

In der kommenden Zeit werden Sie eventuell den Liegeplatz Ihres Hundes räumen, Näpfe säubern und wegstellen, Futterreste verkaufen, verschenken oder entsorgen. Mit jedem Mal Staubsaugen und Waschen verschwinden mehr Haare, nach und nach sein Geruch aus Ihrem Haus.

Ihre Tagesstruktur, die Routine, die durch das Leben mit Ihrem Hund bestimmt war, fällt plötzlich weg. Wenn alles Organisatorische erledigt ist, wird es leer und still. Dies ist der Raum, in den die Trauer tritt.

Die Zeit der Trauer

Die Trauer wird gehen, aber sie nimmt sich einen Schlüssel mit.
(Roland Kachler)

Je nach den individuellen Umständen hat Ihr Trauerprozess eventuell schon lange vor dem Tod Ihres Hundes begonnen, nämlich beispielsweise in dem Moment, in dem Sie erfahren haben, dass er bald sterben wird. Gegebenenfalls war auch allein schon das fortgeschrittene Alter Ihres Lieblings Anlass für Verlustängste und Trauergefühle.

Doch nun ist die Situation eine andere. Was zuvor angstmachende Zukunftsvisionen waren, sind nun vollendete Tatsachen. Vor denen Sie stehen und mit denen es gilt, einen Umgang zu finden.

Der Psychotherapeut und Trauerbegleiter Roland Kachler hat folgende drei „Aufgaben der Trauerarbeit" formuliert:

- Die äußere Abwesenheit des Verstorbenen realisieren und akzeptieren
- Im Inneren eine neue Beziehung zum Verstorbenen entwickeln
- Das eigene Glück wieder erlauben und die Beziehung zum Verstorbenen als Ressource mitnehmen.

Der Tod beendet zwar das Leben Ihres Hundes und auch Ihr Zusammenleben, nicht jedoch die Liebe und die Beziehung zu Ihrem Tier. Das Wort „Loslassen" erzeugt häufig Widerstand, vielmehr soll es darum gehen, wie Sie die Beziehung in einer neuen Form weiterleben können. Wenn Sie einen Ort für diese Beziehung finden, darf die Trauer nach und nach gehen, weil Sie wissen, dass Ihr geliebtes Tier in Ihrer Liebe nie verloren geht und darüber hinaus all das gemeinsam Erlebte und Erfahrene zu einer kraftvollen Ressource für Sie werden kann.

Das Bild von den Trauerwellen

„Trauern ist die Lösung, nicht das Problem."
(Chris Paul)

Viele Trauernde beschreiben den Verlauf Ihrer Trauer in Wellen. Vom Tsunami, der einen den Boden unter den Füßen wegreißt, einen nach Luft schnappen lässt und dann irgendwo auf den Boden schleudert, bis hin zu flacher werdenden Wellen, zwischen denen es früher oder später auch ruhiges Gewässer gibt. Durchaus unterbrochen von „tsunami-artigen Rückschlägen". Dann ist die Enttäuschung oft groß. Nach so langer Zeit, nach so harter Arbeit scheint es sich wieder genauso anzufühlen wie ganz am Anfang. Resignation macht sich breit: „Wird mein Leben jemals wieder leicht und schön, werde ich jemals wieder fröhlich und glücklich sein können? Bin ich mit meiner Art der Trauerarbeit überhaupt auf dem richtigen Weg, auch, wenn ich noch keinen wirklichen Erfolg spüre? Sollte ich vielleicht doch lieber versuchen, mich abzulenken und den Schmerz zu verdrängen?"

Trauern ist ein langwieriger Prozess, nicht umsonst spricht man von „Trauerarbeit". Oft werden Abkürzungen gesucht. Aber: Gegen die Trauer hilft nur eines: trauern.

Und dies bedarf einer liebevollen und geduldigen Zuwendung. Von innen und auch von außen.

Vom Berg zum Kieselstein

„Je schöner und voller die Erinnerung, desto schwerer ist die Trennung. Aber die Dankbarkeit wandelt die Qual der Erinnerung in eine stille Freude. Man trägt das vergangene Schöne nicht wie einen Stachel, sondern wie ein kostbares Geschenk in sich."
(Dietrich Bonhoeffer)

Ein weiteres häufig verwendetes Bild für den Trauerprozess ist das eines Berges. Zu Beginn Ihres Trauerprozesses fühlen Sie sich vielleicht, als stünden Sie vor einem unüberwindbaren Berg. Dieser verstellt Ihnen die Sicht auf die Sonne und auf eine Zukunft. Er wirkt bedrohlich und jeder Schritt, den Sie machen, um den Berg zu überwinden, ist mit höchster Anstrengung verbunden. Gerade dann, wenn es sich anfühlt, als hätten Sie ein gutes Stück geschafft, rutschen Sie auf dem Geröll aus und schlittern wieder zurück, straucheln, stürzen vielleicht. Dann möchten Sie manchmal einfach liegenbleiben und aufgeben.

Mit der Zeit und mit etwas Abstand werden Sie jedoch sehen, dass der Berg etwas kleiner wird. Mit schwindender Größe des Berges werden die Anstiege kürzer und weniger beschwerlich, auch die Abstiege führen nicht mehr so tief hinab. Da der Weg weniger steil ist, rutschen sie nicht mehr so leicht aus. Was zu Beginn unvorstellbar ist, darf mit der Zeit geschehen, und irgendwann liegt vielleicht dort, wo einst der Berg aufragte, ein schöner, runder Kieselstein zu Ihren Füßen. Den Sie aufheben und sich in die Tasche stecken können, um ihn fortan bei sich zu tragen: als Symbol für die gewandelte Beziehung zu Ihrem verstorbenen Hund. Sie können ihn jederzeit in die Hand nehmen und betrachten – voller Liebe und Dankbarkeit – und mit einem kleinen bisschen Traurigkeit und Schmerz.

Alles, was ist, darf sein

„Hör auf zu versuchen, Dich selbst zu heilen,
zu reparieren oder auch sogar zu erwecken.
Hör auf, zu versuchen, den Film Deines Lebens vorzuspulen.
Lass das „Loslassen" los. Sei da. Dein Schmerz, Deine Trauer, Deine Zweifel, Deine Sehnsüchte, Deine angstvollen Gedanken sind keine Fehler und sie fragen nicht danach, geheilt zu werden. Sondern sie fragen danach, gehalten zu sein. Hier, jetzt, leicht in den liebenden Armen Deiner gegenwärtigen Wahrnehmung."
(Jeff Foster)

Ähnlich wie in der Zeit vor dem Tod Ihres Hundes können auch jetzt neben der Trauer eine ganze Reihe anderer Gefühle in Ihnen auftauchen. Zum Beispiel:

- **Wut auf Sie selbst und andere**: vielleicht glauben Sie, selbst nicht alles, was möglich war, getan zu haben oder dass andere Beteiligte nicht ihr Bestes gegeben haben.

- **Wut auf Ihren Hund**: weil er Sie einfach so verlassen hat, weil er weg (und auf die Straße) gelaufen ist.

- **Schuldgefühle**: weil Sie vielleicht glauben, zu früh – oder zu spät – eine Entscheidung getroffen zu haben oder die falsche.

- **Scham**: weil Sie vielleicht glauben oder Ihnen von außen zu verstehen gegeben wird, dass Sie zu tief oder zu lange trauern. Oder weil Sie nicht genug trauern und schon wieder lachen können.

- **Erleichterung**: weil es „endlich vorbei ist". Weil Sie nicht mehr zusehen müssen, wie Ihr Hund unter Ihren Augen „verwelkt" und „immer weniger wird", oder auch darüber, dass Sie nun ohne ständige Sorge sein und nachts wieder durchschlafen dürfen.

Dies sind nur einige Beispiele. Hilfreich für einen heilsamen Weg ist die Offenheit dafür, dass alles, was sich zeigen will, *unbewertet* ans Tageslicht kommen darf. Alle Gedanken, alle Gefühle, alle Erinnerungen sollen Raum haben dürfen.

Über die Lücke verbunden bleiben

„Es gibt nichts, was uns die Abwesenheit eines geliebten Wesens ersetzen kann, und man soll das auch gar nicht versuchen. Man muss es einfach aushalten. Indem die Lücke wirklich unausgefüllt bleibt, bleibt man durch sie miteinander verbunden."
(Dietrich Bonhoeffer)

„Das Wort Loslassen ist zu keinem Zeitpunkt das richtige Wort", sagte einmal die Mutter eines fünfjährigen Kindes nach dessen Tod.

Und: Nein, Sie müssen nicht loslassen. Genauso wenig, wie Sie zwanghaft positiv denken müssen. Was soll das heißen: „Du musst loslassen"? Dass Sie vergessen sollen? Die Verbindung abbrechen? Dass Sie aufhören sollen, traurig zu sein, zumindest sichtbar? Dass Sie sich bitte nicht mehr weiter zumuten sollen mit Ihrem Schmerz und Ihrer Sehnsucht? Dass das Leben weitergeht und Sie nach vorne schauen sollen? Vielleicht kommt jetzt auch wieder der „Es war doch nur ein Hund"-Spruch?

In Ihrem Trauerprozess geht es vielmehr darum, dass Sie das Geschehene realisieren und verarbeiten und sich langfristig an ein neues, verändertes Leben anpassen, in dem Ihr verstorbener Hund einen festen Platz haben darf.

Für mich persönlich passt in diesem Zusammenhang das Wort „Zulassen" gut, denn es sagt nichts darüber aus, wie es zu sein hat oder wie ich zum Zeitpunkt X zu sein habe, sondern, wie gerade schon erwähnt, dass alles, was gerade ist, sein darf. Denn dass etwas sein darf, ist die beste Voraussetzung dafür, dass es sich auch wandeln und verändern darf. Abwehr hingegen kann Zustände regelrecht „zementieren".

Manchen Menschen gefällt das Bild des „Dortlassens" gut, weil es sagt, dass Ihr verstorbener Hund einen Platz in Ihrem Herzen behalten wird, spürbar und be-greifbar vielleicht durch den „Kieselstein der Trauer", den Sie in Ihrer Hosentasche tragen, sichtbar vielleicht durch sein Grab oder die Urne. Und gerade für Hundebesitzer ist auch das Bild des „Freilassens" oft hilfreich, denn bestimmt war es wohl für sehr viele unserer Hunde mit „das Größte", abgeleint zu werden und sich dem Spiel mit Ball, Dummy oder Artgenossen hinzugeben, Mäuselöcher aufzubuddeln, über Feld und Wiese zu rennen.

Finden Sie Ihr eigenes Bild und lassen Sie sich bloß nicht erzählen, was Sie wann zu tun und zu fühlen haben.

Erschwerte Trauer

Es wird vielleicht auch noch die Todesstunde
uns neuen Räumen jung entgegensenden.
Des Lebens Ruf an uns wird niemals enden.
Wohlan denn, Herz, nimm Abschied und gesunde!
(aus Hermann Hesse: „Stufen")

Leider gibt es eine Reihe von Umständen, die die Trauer – insbesondere die um ein Tier – erheblich erschweren können.

Ein sehr allgemeiner Faktor ist der, dass Trauer – wie der Tod – in unserer westlichen Welt ebenfalls ein Tabuthema ist. Es gibt gewissermaßen einen „Sei-glücklich-Imperativ", an den wir uns doch möglichst halten sollten. Lebendig sein wird mit Glück und guter Laune gleichgesetzt. Dabei ist es so viel mehr.

Hinzu kommt, dass die emotionale Dimension, die der Tod Ihres Hundes für Sie hat, schambesetzt sein kann. Vielleicht müssen Sie sich ständig erklären oder gar rechtfertigen für das „Theater", das Sie um einen Hund machen? Außerhalb einschlägiger Kreise ist vermutlich mit wenig Verständnis zu rechnen, noch weniger mit Unterstützung. Tiefe Trauer über den Verlust Ihres Hundes zu erleben und sich damit gegebenenfalls auch im engsten Kreis nicht vollumfänglich zeigen zu dürfen, kann eine sehr schwere zusätzliche Last sein.

Wie im vierten Kapitel schon erwähnt, ist Ungewissheit über den Verbleib und das Schicksal Ihres Hundes ein Faktor, der Trauern nahezu unmöglich machen kann, würde es doch voraussetzen, dass Sie die Hoffnung aufgeben.

Auf zwei weitere Umstände, die den Trauerprozess erheblich erschweren können, möchte ich im Folgenden noch kurz etwas näher eingehen: Schuldgefühle beziehungsweise -zuweisungen und Traumatisierung.

Schuld verbindet

So irritierend das klingen mag: In einer krisenhaften Situation können Schuldzuweisungen stabilisierend sein. Chris Paul beschreibt in Ihrem Buch „Schuld. Macht. Sinn." wie Schuld Ordnung in das Chaos bringt, das der Tod hinterlässt. Schuld definiert „Täter" und „Opfer". Sie hilft, das Unerklärliche zu erklären. Eigene (empfundene) Schuld kann uns „ermächtigen": Wo wir schuldig sind, werden wir zu Handelnden, wo wir andernfalls nur zusehen könnten oder gar „Opfer" wären. Es ist beispielsweise ein weit verbreitetes Phänomen, dass Opfer von Gewaltverbrechen, die Ohnmacht und Ausgeliefertsein in höchstem Ausmaß erlebt haben, zum Teil lebenslang unter Schuldgefühlen leiden.

Schuldgefühle stellen Zusammenhänge her – sie schaffen Verbindung. Nicht zuletzt bleiben wir auch über solch unangenehme Emotionen mit dem Verstorbenen tief und unlösbar verbunden. So sagte beispielsweise einmal eine Mutter, eine ganze Zeit lang nach dem Suizid ihres Sohnes: „Ich habe das Gefühl, dass, wenn die Schuld weg ist, mein Sohn auch weg ist."

Schuldgefühle können sehr belastend sein und haben eine (selbst-)zerstörerische Kraft. Anklagen gegen andere oder sich selbst können ausgeprägt und langandauernd sein, unabhängig davon, ob tatsächlich schuldhaftes Verhalten im juristischen oder ethisch-moralischen Sinne vorliegt. Damit können ausgeprägte Wünsche nach Wiedergutmachung, Sühne und Bestrafung verbunden sein. Dies folgt einer inneren Logik, aus systemischer Sicht könnte man sagen, das innere System erschafft ein Gleichgewicht, das für Stabilität sorgt, die allerdings nur vordergründig hilfreich oder heilsam ist. Gelingt es hingegen, dass man für etwas, was geschehen ist, was man getan oder unterlassen hat, die *Verantwortung* übernimmt, bedeutet das, dass man akzeptiert, mit den Folgen leben zu müssen. Wenn man an etwas „schuld" ist, muss man aber über die Folgen hinaus auch noch eine Bestrafung akzeptieren.

Die Aufgaben, die die Schuldzuweisung an uns selbst oder andere uns stellt, sind die des Verzeihens und vielleicht Versöhnens. Damit kann man alleine durchaus überfordert sein.

So interessant und so wichtig dieses Thema ist – es ist tatsächlich viel zu groß, um im Rahmen dieses Buches ausführlich behandelt zu werden. Andererseits kommt es in Zusammenhang mit dem Tod eines Hundes vermutlich nicht allzu selten vor, dass Schuldgefühle oder -zuweisungen in den Trauerprozess verwoben sind und diesen erheblich erschweren. Spielt „Schuld" nach dem Tod Ihres Hundes eine große Rolle für Sie, dann ist das auf jeden Fall eines der Szenarien, in denen professionelle Unterstützung von außen sehr sinnvoll sein kann.

Trauma verhindert Trauerarbeit

Wenn es im Zusammenhang mit dem Tod Ihres Hundes besonders belastende Ereignisse gab, wie beispielsweise einen Unfall oder Gewalteinwirkung, kann dies bei Ihnen zu einer Traumatisierung beziehungsweise einer sogenannten „Posttraumatischen Belastungsstörung" führen. Ein Zustand, in dem professionelle Unterstützung von außen auf jeden Fall anzuraten ist.

Als Trauma (griech.: Wunde) wird ein plötzliches Ereignis oder eine andauernde Situation bezeichnet, die zu einer massiven Verletzung von seelischen und körperlichen Grundbedürfnissen in einem Ausmaß führt, das eine vollständige Verarbeitung zum Zeitpunkt des Erlebens und unmittelbar danach nicht zulässt. Das Erleben von zum Beispiel Todesangst, Hilflosigkeit, Ausgeliefertsein und gegebenenfalls auch körperlichem Schmerz führt zu einer „Notfallreaktion" des Gehirns. Wo es keine Möglichkeit gibt, der äußeren überfordernden Situation zu entkommen, bleibt dem Gehirn nichts anderes übrig, als dies intern zu tun.

Da das Ereignis als Ganzes „unfassbar" ist, wird es von unserem Gehirn in Bruchstücke zerlegt (fragmentiert), die in Hirnregionen abgespeichert werden, in denen eine Zuordnung zu „Raum und Zeit" nicht stattfinden kann. Bildlich gesprochen führen diese Ereignissplitter zu seelischen Wunden und Narben und können durch bestimmte Auslöser wieder „aufbrechen".

Allerdings geschieht dies oft, ohne dass ein bewusster Zusammenhang zur auslösenden Situation hergestellt werden kann und ohne einen „Zeitstempel" (Vergangenheit), sodass die Bruchstücke unter Umständen immer wieder im „Hier und Jetzt" erlebt werden (sogenannte Flash-Backs). Dies kann sich – auch Jahre später – zum Beispiel in plötzlichen Angstzuständen, sich aufdrängenden Bildern oder Körperempfindungen äußern.

Eine Traumatisierung kann einen Trauerprozess erheblich erschweren beziehungsweise sogar unmöglich machen. Da die Symptomatik im „Hier und Jetzt" erlebt wird, beginnt der Verarbeitungsprozess - insofern der Zusammenhang zum traumatischen Erlebnis überhaupt hergestellt werden kann - immer wieder von Neuem.

„Pathologische" Trauer und wann Sie sich professionelle Hilfe holen sollten

Trauerreaktionen können so individuell sein wie die Trauernden selbst. Von Gefühlsausbrüchen bis hin zur Verzweiflung, von gelegentlicher Gefühlsarmut bis zur Depression oder Lebensmüdigkeit, Leistungsschwäche, Konzentrationsschwäche, vom Grübelzwang bis zur Arbeitsunfähigkeit und allen dazwischen liegenden Facetten. Oder es stehen körperliche Symptome im Vordergrund wie Schmerzen, Herzbeschwerden, Magen-Darmbeschwerden oder Schlaflosigkeit.

Wenn wir uns nicht selbst sagen, dass es doch „nun langsam mal gut sein müsste", dass man nun doch endlich wieder funktionieren müsse, können wir uns darauf verlassen, dass das - mehr oder weniger subtil - früher oder später von außen an uns herangetragen wird. Eine verwaiste, trauernde Mutter erwiderte einmal auf die Frage: „Trauerst Du immer noch, das (der Tod ihres Kindes) ist doch nun schon sechs Jahre her?": „Ja, mein Kind ist ja auch immer noch tot." Wenn Trauer die Kehrseite der Liebe ist, ist sie genauso individuell wie diese. Es steht niemandem zu, sich ein Urteil darüber zu erlauben, wie, wie viel und wie lang angemessen ist. Doch gibt es objektive Kriterien, die darauf hinweisen können, dass jemand in seinem Trauerprozess steckengeblieben ist, und dass professionelle (therapeutische oder seelsorgerische) Hilfe sinnvoll wäre?

Eine Binsenweisheit, die – glücklicherweise – längst überholt ist, lautet: „Da muss man halt alleine durch."

Unterstützung und Begleitung von außen kann immer hilfreich sein. Mit „außen" sind hier vor allem andere Menschen gemeint, ob einfach im Sinne von „Mitmenschen" oder im professionellen Kontext. Ein Buch kann zwar hilfreiche Impulse geben, und zum Thema Trauer gibt es wirklich viele und gute Bücher, es ist aber kein Gegenüber, von dem man sich gehört und verstanden fühlen kann.

In der eigenen Familie ist jeder betroffen. Gemeinsames Gedenken und Trauern kann verbindend und heilend wirken, es kann aber auch sein, dass die Arten zu trauern sich stark unterscheiden und dass es nicht möglich ist, sich gegenseitig Halt zu geben. Besonders schwierig ist es, wenn es vielleicht offene oder unausgesprochene Schuldzuweisungen untereinander gibt.

Inzwischen gibt es, zwar kein breites, aber immerhin ein vorhandenes Angebot an Trauerbegleitung für verwaiste Tierbesitzer. Angefangen bei Büchern und Podcasts, von denen es relativ viele mit unterschiedlichen Schwerpunkten gibt, über Online-Trauergruppen und Kurse bis hin zur persönlichen Begleitung und Begegnung mit anderen Betroffenen in einer Art „Trauercafé". Auch hier muss ich auf das Internet verweisen, wo Sie mit entsprechenden Suchbegriffen Angebote in Ihrer Nähe finden können.

Aber nun zu der Frage, wann professionelle Hilfe wirklich dringend angeraten ist.

Zum Beispiel dann, wenn Sie - oder Ihr Umfeld - merken, dass Sie sich vollständig aus dem Leben zurückziehen, soziale Kontakte vermeiden, Ihren Alltag nicht mehr bewältigen können, wenn Sie gar sucht- oder selbstmordgefährdet sind. Aber auch dann, wenn Ihr Trauerprozess durch Umstände erschwert ist, wie ich sie weiter vorne angesprochen habe, also zum Beispiel dann, wenn Schuldgefühle oder -zuweisungen übermächtig werden oder wenn der Tod Ihres Hundes unter potenziell traumatisierenden Umständen stattgefunden hat.

9

Den Blick heben – wieder offen werden für neue Begegnungen

Ein neuer Gefährte?

Und jedem Anfang wohnt ein Zauber inne,
der uns beschützt und der uns hilft, zu leben.
(aus Hermann Hesse: „Stufen")

Nach dem Tod Ihres Hundes kann es sein, dass Sie denken: „Nie wieder. Nie wieder einen Hund. Nie wieder will ich so etwas Furchtbares erleben."

Es kann – und darf – aber auch genauso gut sein, dass Sie innerhalb kürzester Zeit bereit sind, einen neuen Hund aufzunehmen. Wichtig ist nur, dass, *wenn* Sie sich für einen neuen Hund entscheiden, sich dies für Sie und alle Beteiligten stimmig anfühlt. Ein zentrales Kriterium, um diese Frage für sich selbst zu beantworten, könnte sein, ob der neue Hund Ihren verstorbenen Hund *ersetzen* soll. Ob er die klaffende Lücke füllen soll, und gegebenenfalls dann auch die Erwartung daran geknüpft ist, er solle „genauso sein" wie sein Vorgänger.

Wenn Sie diese Frage ehrlicherweise mit „Ja" beantworten müssten, dann ist es vielleicht besser, noch etwas zu warten. Andernfalls könnte die Enttäuschung vorprogrammiert sein.

Hier nun noch die letzten Reflexionsfragen in diesem Buch, die Ihnen eventuell helfen können, herauszufinden, ob Sie schon bereit für einen neuen Gefährten sind:

Selbstreflexion: „Bin ich bereit für einen neuen Hund?“

- Ist in meinem Herzen wirklich schon Platz für einen neuen Hund?
- Kann ich mich auf einen neuen Hund mit all seinen Eigenheiten einlassen oder besteht die Gefahr, dass ich ihn ständig mit seinem Vorgänger vergleiche?
- Möchte ich wirklich selbst schon wieder einen Hund haben oder habe ich mich von meinem Umfeld zu dieser „Ablenkung“ von meiner Trauer überreden lassen?
- Wie wird sich die Trauer um meinen verstorbenen Hund auf seinen Nachfolger gegebenenfalls auswirken?
- Wie geht es meiner Familie beziehungsweise anderen Bezugspersonen eines potenziellen neuen Familienmitglieds mit dieser Frage?

Thank you for the days
Those endless days, those sacred days you gave me
I'm thinking of the days
I won't forget a single day, believe me

I bless the light
I bless the light that lights on you, believe me
And though you're gone
You're with me every single day, believe me.

Days I'll remember all my life
Days when you can't see wrong from right
You took my life
But then I knew that very soon you'd leave me.
But it's all right
Now I'm not frightened of this world, believe me

Thank you for the days
Those endless days, those sacred days you gave me
I'm thinking of the days
I won't forget a single day, believe me.

(aus: The Kinks: „Days")

Deutsche Übersetzung:

Danke Dir für die Tage
Diese endlosen Tage, diese heiligen Tage, die du mir gegeben hast
Ich denke an unsere Tage
Ich werde keinen einzigen Tag je vergessen, glaub mir.

Ich segne das Licht
Ich segne das Licht, das auf dich scheint.
Und obwohl du weg bist
bist Du jeden Tag bei mir, glaub mir.

Tage, an die ich mich mein ganzes Leben lang erinnern werde
Tage, an denen es kein Richtig oder Falsch gab.
Du hast mein Leben eingenommen,
aber dann wusste ich, dass du mich sehr bald verlassen würdest.
Aber es ist in Ordnung.
Jetzt habe ich keine Angst mehr vor dieser Welt, glaub mir.

Danke Dir für die Tage
Diese endlosen Tage, diese heiligen Tage, die du mir gegeben hast.
Ich denke an unsere Tage
Ich werde keinen einzigen Tag je vergessen, glaub mir.

Anhang

Wenn man ein Buch über den Tod geschrieben hat …

…dann stellt man fest, dass man vorher nicht wirklich wusste, worauf man sich einlässt. In vielerlei Hinsicht. Angefangen damit, dass ich mich mit den fachlichen Themen, die ich behandelt habe, im Vorfeld auch nicht in der Tiefe beschäftigt hatte und so viel Neues und Wichtiges gelernt habe, auf Basis dessen ich zusammen mit meinem Mann eine Einstellung zu Antons Tod entwickeln konnte.

Dann könnte man vielleicht davon ausgehen, dass ich als ehemalige Pathologin, als Ärztin überhaupt, einen professionellen Umgang mit Tod und Sterben habe und als Therapeutin und Mediatorin darin geübt bin, mit starken Gefühlen umzugehen. Das stimmt auch. Ein Stück weit. Es fehlt nur jeweils ein wichtiger Halbsatz: „…mit dem oder denen *anderer*."

Beim Schreiben dieses Buches war ich außerordentlich stark mit meinen eigenen Gefühlen konfrontiert und an jeder Stelle, an der Sie „Ihr Hund" gelesen haben, stand bei mir „Anton".

Natürlich habe auch ich, obwohl ich mich mit dem Thema Vergänglichkeit, Sterben und Tod immer wieder in verschiedenen Kontexten intensiv auseinandergesetzt habe, meine „emotionalen Schlupflöcher", die ich beim Schreiben dieses Buches allerdings häufig nicht nutzen konnte. Denn sonst hätte ich nicht so genau hinsehen und hinfühlen können.

„No tears in the writer, no tears in the reader."

(Keine Tränen beim Verfasser, keine Tränen beim Leser.)

Wenn Robert Frost mit seinem Zitat beim Wort zu nehmen ist, dann haben auch Sie die eine oder andere Träne vergossen, wenn Sie auf diesen letzten Seiten angekommen sind. Ich jedenfalls bin froh, dass die Zeiten vorbei sind, in denen ich das Manuskript mit Tinte und Federhalter hätte anfertigen müssen. Anton hat inzwischen ein paar kahle Stellen hinter den Ohren, dort, wo ich dem ahnungslos dösenden Hund während des Schreibens immer wieder meine Nase ins Fell drücken musste, allein dafür, dass er atmet.

Aber es ist auch jetzt wieder so, wie es bisher immer war, wenn ich mit der Vergänglichkeit auseinandergesetzt habe: Dass ich mich dadurch „reicher" fühle. Das Leben irgendwie intensiver wahrnehme, für vieles sehr dankbar bin, aber auch mit einer Art innerer Ruhe und Frieden an die Endlichkeit all dessen denken kann, woran mein Herz manchmal nahezu krampfhaft hängt. Nichts wird unwahr dadurch, dass es vorüber ist, und es wird auch nicht ungeschehen: all die schönen Bilder und Erinnerungen, all das Erlebte gehören für immer mir.

Ich würde mich freuen, wenn mein Buch für Sie auf die eine oder andere Weise hilfreich war, Sie ein wenig Entlastung oder Unterstützung gefunden haben und sich einige wertvolle Impulse mitnehmen konnten.

In jedem Fall wünsche ich Ihnen – und mir – trotz allem bereits erlittenen und kommenden Schmerzes auch weiterhin den Mut, unser Herz (durchaus nicht nur an Hunde) zu verschenken und uns auf all das Wunderbare, das Glück, die Freude und die Liebe einzulassen, die auf der „Vorderseite der Trauermedaille" zu finden sind.

Von Herzen Danke!

Dieses Buch hätte in der vorliegenden Form nicht entstehen können, hätte es nicht im Hintergrund eine ganze Reihe von Unterstützern und Helfern gegeben. Es hat mich sehr angenehm überrascht – und in meinem Vorhaben bestärkt – welch offene Türen ich mit dem Thema an so vielen Stellen „eingerannt" habe. Bei all diesen Menschen, auch bei denen, die hier namentlich nicht genannt werden möchten, will ich mich von ganzem Herzen bedanken.

Dies beginnt bei den Mitarbeitern des Kynos-Verlags, die an meine Buchidee und an mich als Erstautorin geglaubt haben, und es mir so ermöglicht haben, ein Herzensprojekt umzusetzen. Meiner Lektorin, Frau Gisela Rau, ganz herzlichen Dank für ihre ständige und kurzfristige Ansprechbarkeit, die geduldige Beantwortung all meiner Fragen und die Bereitschaft zur Diskussion.

Am Anfang standen viele Gespräche mit Tierärztinnen und tiermedizinischen Fachangestellten, bei denen ich mich sehr für deren Zeit und Offenheit bedanken möchte. Dadurch wurde mir ein lebensnaher und differenzierter Blick, zum Beispiel auf die Themen Einschläferung, Palliativmedizin und unterstützende Therapien unter verschiedenen Aspekten ermöglicht. Namentlich erwähnt: Tierärztin und Hundetrainerin Dr. Susanne Lautner, Tierärztin Sylvia Kaml (die darüber hinaus auch Autorenkollegin und Verfasserin zahlreicher Bücher verschiedener Genres ist), TPA und Hundetrainerin Carla Bönzli und Tierverhaltenstherapeutin Sophie Freudenberg.

Ich bedanke mich herzlich bei der Familie Nietfeld von „Rosengarten Tierbestattung" für die ausführliche und geduldige Beantwortung meiner vielen Fragen und die zur Verfügung gestellten Bilder. Gleiches gilt für Frau Angela Aures mit ihrer Hündin Lina, die mir auf einem ausgiebigen Spaziergang über den Nürnberger Tierfriedhof alles gezeigt und erklärt hat, was ich wissen wollte. An dieser Stelle auch vielen Dank an den Fotografen Thomas Hahn, der mir die Verwendung seiner professionellen Bilder vom Nürnberger Tierfriedhof genehmigt hat.

Für ausführliche, sehr berührende Gespräche und tiefe Einblicke in deren Tätigkeit bedanke ich mit bei Tierbestatterin, Tierhospizbetreiberin und Trauerbegleiterin Nina Folle und bei Tierhospizbetreiberin und Trauerbegleiterin Vanessa Reif. Bei Vanessa, ebenso wie bei Tierärztin Dr. Susanne Lautner, bedanke ich mich darüber hinaus dafür, dass sie mir umfangreiche Skripte und Handbücher, in denen ganz offensichtlich eine Menge Arbeit steckt, zu den Themen „Einschläferung", „Individuelle Begleitung am Lebensende von Kleintieren" und „Trauma" kostenlos zur Verfügung gestellt haben.

Nicht genug danken kann ich „meinen beiden Topmodels" Daniel Kernchen und seinem Australian Kelpie Odin für die wunderschönen Bilder, die dem Buch seinen stimmungsvollen visuellen Rahmen geben. Übrigens ist Odin zum Zeitpunkt der Fertigstellung des Manuskripts sowohl gesund als auch noch ziemlich jung. Alles, was einen anderen Anschein erwecken könnte, ist allein seinen Modelqualitäten geschuldet.

Mein besonderer Dank gilt all den Tierbesitzern, die bereit waren, mir – für die meisten eine völlig Fremde – die persönliche Geschichte ihres Abschieds und ihres Trauerprozesses zu erzählen und mir sogar Bilder von Gedenken an ihre geliebten Tiere zur Verfügung gestellt haben.

Dies sind zum Beispiel Romy Fischer und Tanja Brauner (Charlie), Tanja Spessot (Caruso), Ines Scheuer-Dinger (Finni), Melissa Linsel (Luna), Viktoria Reiß (Sammy), Sandra Baumgartl (Cora) und einige mehr, die nicht namentlich genannt werden möchten.

Ein herzliches Dankeschön an die Menschen, die punktuell „Test gelesen" haben und mir sehr wertvolles Feedback und Inspiration unter ganz unterschiedlichen Aspekten gegeben haben. Allen voran an meinen Mann, Udo Schwestka, der wirklich alles und mehrfach gelesen hat. Des Weiteren an meine beste Freundin Charlotte Scherzinger und ihren Mann Thomas Beyer, an meine liebe Arbeitskollegin – und liebende Hundemutter von Fjuma – Anika Preiser und meine geschätzten, überaus kreativen Kollegen Marco Erlwein und Susanne Körtel.

Bei meinem Mann Udo bedanke ich mich darüber hinaus für die vielen guten und hilfreichen Gespräche über das schwierige Thema, fürs In-den-Arm-nehmen und Taschentücher-Anreichen, für wirklich viele Abende und Wochenenden, an denen ich schlicht nicht verfügbar war, und für noch mehr grüne Smoothies und leckere Frühstücke, Mittag- und Abendessen, die mir in meine „Schreibhöhle" gereicht wurden. Ich danke ihm außerdem für das von ihm geschaffene Zitat: „Ein Buch zu schreiben, heißt einige Bücher nicht zu schreiben.", das mir tatsächlich manchmal geholfen hat, den roten Faden wieder aufzunehmen, wenn ich gerade Gefahr lief, mich in dem einen oder anderen Thema zu verlieren.

Ich bedanke mich bei meinen Eltern, dafür, dass sie mir in gewisser Weise eine „Ronja Räubertochter-Kindheit" ermöglicht haben, und ich mit meinem Pferd und meinem Hund durch Wald und Wiese toben und dabei wahlweise Prinzessin, Räubertochter oder Indianerin sein konnte. Der Wald und die Tiere sind bis heute meine wichtigsten Ressourcen.

Nicht zuletzt bedanke ich mich bei Anton, dafür, dass er mit allem, was er ist, *mein* Hund ist, und mich genau damit immer wieder sanft zwingt, genau hin und über meinen Tellerrand hinauszuschauen.

Michaela Schwestka,
im Frühling 2022

Über die Autorin

Michaela Schwestka, geboren 1974 in Nürnberg, ist Ärztin, Systemische Therapeutin und Mediatorin.

Sie arbeitet zum einen als medizinische Redakteurin und ärztliche Beraterin bei einer Healthcare-Agentur in Erlangen, zum anderen freiberuflich mit Klienten und Klientinnen im therapeutischen beziehungsweise mediativen Kontext. Gemeinsam mit Ihrem Mann hat sie das Coaching-Projekt „Mensch, Hund!" ins Leben gerufen, das sich dem Ende der Leine widmet, das der Hundebesitzer in der Hand hält.

Mit ihrem Mann Udo und dem gemeinsamen Hund Anton lebt sie in Hetzles, einem kleinen Dorf am Rand der Fränkischen Schweiz.

Im beruflichen Kontext hat Michaela Schwestka bereits zahlreiche medizinische Artikel für Fachkreise und Patienten veröffentlicht, „Das letzte Stück des Weges" ist ihr erstes Buch zu einem ihrer Herzensthemen.

Kontakt zur Autorin:

Michaela Schwestka
Im Letten 11a
91077 Hetzles

Websites:

Michaela Schwestka Coaching | Therapie | Mediation

www.coaching-therapie-schwestka.de

Mensch, Hund! -
Coaching am anderen Ende der Leine

Michaela und Udo Schwestka

www.hundebesitzer-coaching.de

Literaturangaben und Referenzen

Aus den folgenden Quellen stammen im Buch genannte Zahlen und Fakten zu den Themen:

Geriatrie und Palliativmedizin in der Tiermedizin

Sabine Arndt, Petra Kriegel: „Wenn Tiere ihren Körper verlassen. Sterbebegleitung für Tiere." Aquamarin-Verlag, 2. Auflage, 2020.

Svenja Isabell Joswig: „Die Zukunft liegt im Alter. Entwicklung und Bedeutung der Geriatrie in der Tiermedizin", DVG Service GmbH, 2014.

Amir Shanan, Tamara Shearer, Jessica Pierce: „Hospice and Palliative Care for Companion Animals – principles and practise", WILEY Blackwell, 2017.

Ella Bittel „Quality of life – quality of death", 1 st International Symposium on Veterinary Hospice Care, Davis 2008 – Proceedings.

Vanessa Reif: „Vorbereitung für den Abschied" Handbuch für die individuelle Begleitung am Lebensende von Kleintieren https://tierliebe-und-trauer.de/wenn-tiere-sterben.

Einschläferung

Svenja Holle und Emanuel Holle: „Tod und Trauer in der Tierarztpraxis. Euthanasie kompetent begleiten." Schlütersche Verlagsgesellschaft, 2019.

Henrik Hofmann: „Tieren beim Sterben helfen. Euthanasie in der Tierarztpraxis." VetPress.de, 2013.

J.R. Niggemann und E. Eberspächer-Schweda "Akzeptierte und empfohlene Euthanasiemethoden – ein Überblick für die Kleintierpraxis", Wiener Tierärztliche Monatsschrift – Veterinary Medicine Austria 105 (2018)

Marie Grützke: „Euthanasiegespräche in der Kleintierpraxis. Die Verteilung von Verantwortung bei Gesprächen zwischen Tierarzt und Tierhalter", Inauguraldissertation an der Tierärztliche Hochschule Hannover, 2019

Eva Eberspächer-Schweda „Euthanasie bei Hund und Katze", Website des Tierärzte-Verlags https://www.tieraerzteverlag.at/vetjournal/202011/euthanasie-bei-hund-und-katze, Ausgabe 11/20

Lena Carolin Voigt „Untersuchungen zur Euthanasieentscheidung von Tierbesitzern* hinsichtlich Entscheidungsfindung, Umgang und Trauerbewältigung", Inauguraldissertation an der Tierärztliche Hochschule Hannover, 2017

Dr. Susanne Lautner: „Euthanasie bei Hunden", Powerpointpräsentation, von der Verfasserin zur Verfügung gestellt.

Bestattung

Website Umwelt-Online Regelwerk „TierNebG – Tierische Nebenprodukte-Beseitigungsgesetz“, https://www.umwelt-online.de/recht/natursch/tier/tiernebg_ges.htm, Stand 2021

Website des Bundesamts für Ernährung und Landwirtschaft „Kategorisierung von tierischen Nebenprodukten“, Stand 2019

Website der Deutschen Friedhofsgesellschaft „Mensch-Tier-Bestattung“ https://www.deutschefriedhofsgesellschaft.de/ratgeber/bestattung/bestattungsarten/mensch-tier-beisetzung, Stand 2022

Website des Bundesverbandes der Tierbestatter https://www.tierbestatter-bundesverband.de/ratgeber/tierbestattung-von-a-z/, Stand 2021

Psychosoziale Mensch-Hund-Beziehung:

Kurt Kotrschal: „Hund und Mensch. Das Geheimnis unserer Seelenverwandtschaft“ Piper Verlag, August 2020.

Elli Radinger: „Die Weisheit alter Hunde“, Ludwig Buchverlag, 2018.

Patricia B. McConnell „Liebst Du mich auch? Die Gefühlswelt bei Mensch und Hund“, Kynos Verlag, 2020.

Patricia B. McConnell „Das andere Ende der Leine. Was unseren Umgang mit Hunden bestimmt“, Kynos Verlag, 2018.

Dr. Milena Penkowa: „Hund auf Rezept. Warum Hunde gesund für uns sind.“ Kynos Verlag, 2016.

Odendaal, Johannes SJ, and Roy Alec Meintjes. «Neurophysiological correlates of affiliative behaviour between humans and dogs.» The Veterinary Journal 165.3 (2003): 296–301.

Gregory S.Berns, Andrew M.Brooks, MarkSpivak: „Scent of the familiar: An fMRI study of canine brain responses to familiar and unfamiliar human and dog odors.“ Behavioural Processes Volume 110, January 2015, Pages 37–46.

Topál, J., Miklósi, Á., Csányi, V., & Dóka, A. (1998). „Attachment behavior in dogs (Canis familiaris): A new application of Ainsworth's (1969) Strange Situation Test.“ Journal of Comparative Psychology, 112(3), 219–229.

J Solomon, A Beetz, I Schöberl, N Gee, K Kotrschal: „Attachment security in companion dogs: adaptation of Ainsworth's strange situation and classification procedures to dogs and their human caregivers.“ Attach Hum Dev 2019 Aug;21(4):389–417.

Karl, S., Boch, M., Zamansky, A. et al. Exploring the dog-human relationship by combining fMRI, eye-tracking and behavioural measures. Sci Rep 10, 22273 (2020).

Handlin, Linda, et al. „Associations between the psychological characteristics of the human-dog relationship and oxytocin and cortisol levels.“ Anthrozoös 25.2 (2012): 215–228.

Nagasawa, Miho, et al. „Dog's gaze at its owner increases owner's urinary oxytocin during social interaction.“ Hormones and Behavior 55.3 (2009): 434–441.

Trauer um ein Tier:

Elli H. Radinger: „Der Verlust eines Hundes – um Tiere trauern“, edition tieger, 2012.

Claudia Pilatus, Gisela Reinecke: „Es ist doch nur ein Hund“, Kynos Verlag, 2015.

Dr. med. vet. Frigga Wiese: „Ein guter Hund stirbt nie“, edition tieger, 2016.

Eva Dempewolf: „Abschied nehmen. Trauer um ein geliebtes Tier. Ein Begleit- und Praxisbuch.“ F&O Verlag, 2015.

Vanessa Reif: „Workbook“ zum Traumakurs, https://tierliebe-und-trauer.de/trauma-kurs

Des Weiteren sind folgende Referenzen ins Buch eingeflossen:

Rike Drust „Muttergefühle“ Gesamtausgabe, Bertelsmann Verlag, 2011.

Nadin Matthews: „Wir müssen reden – Über das Erstgespräch in der Mensch-Hund-Beratung“, SitzPlatzFuss, 2013.

Nicole Wilde „Menschentraining für Hundetrainer. Wie man mit Hundehaltern als Kunden umgeht.“, Kynos Verlag, 2007.

Elisabeth Beck „Psychokiste für Hundehalter. So trainieren Sie Ihre innere Stärke“, Kynos Verlag, 2020.

Chris Paul: „Schuld|. Macht. Sinn. Arbeitsbuch für die Begleitung von Schuldfragen im Trauerprozess“, Gütersloher Verlagshaus, 2019.

Chris Paul: „Keine Angst vor fremden Tränen. Trauernden begegnen“, Gütersloher Verlagshaus, 2013.

Bronnie Ware: „Fünf Dinge, die Sterbende am meisten bereuen.“, Goldmann-Verlag, 2015.

Barbara Preitler: „Ohne jede Spur“, Psychosozial-Verlag, 2006.

Roland Kachler: „Damit aus meiner Trauer Liebe wird“, Herder Verlag, 2021.

Gertrud Teusen: „Vom Glück und Schmerz sich um andere zu kümmern“, mvg Verlag, 2020.

Gabriele Wilz, Klaus Pfeiffer: Pflegende Angehörige, hogrefe Verlag, 2019.

Monika Renz: „Verzeihen und Versöhnung – wie Prozesse der Befreiung im Leben und im Sterben möglich werden“, Herder Verlag, 2019.

Maja Storch: Das Geheimnis kluger Entscheidungen, Piper, 2011.

Gerhild Tieger: „Wenn mein Hund Dein Hund wird“, Autorenhaus Verlag GmbH, 2016.

Frank Ostaseski: „Die fünf Einladungen. Was wir vom Tod lernen können, um erfüllt zu leben“ Knaur Menssana Verlag, 2017.

Ingeborg und Thomas Dietz: „Selbst in Führung. Achtsam die Innenwelt meistern“, Junfermann Verlag, 2011.

John Bowlby: „Verlust, Trauer und Depression“, Ernst Reinhardt Verlag, 2006.

Adam Miklosi: „Dog behaviour, evolution, and cognition", Oxford University Press, 2016.

Frank Staemmler: „Mut bedarf der Angst." Mitschnitt des Vortrags auf der DVG (Deutsche Vereinigung für Gestalttherapie e.V.) – Jahrestagung 2019 in Essen

Persönliche Empfehlungen

Menschen im Mensch-Tier-Beruf, mit denen ich persönlich gute Erfahrungen gemacht habe, und deren Projekte ich für empfehlenswert halte:

„Engel auf Reisen – Tierbestattungen" (Nina Folle)

Würde- und liebevolle Begleitung auf dem letzten Weg für Tier und Mensch. Nina ist Tierbestatterin und betreibt außerdem das Tierhospiz „Ville Abendsonne".
https://www.engel-auf-reisen.com

„HundsKompetenZEN – Hundetraining" (Daniel Kernchen)

Daniel studierte Musikwissenschaft und Kulturmanagement. Nach erfolgreichen Stationen in unterschiedlichsten Kultureinrichtungen Deutschlands kam er verhältnismäßig spät auf den Hund. Dafür aber umso mehr! Heute arbeitet er als Hundetrainer und Ernährungsberater und betreibt zusammen mit seinen beiden Hunden Odin und Berti eine eigene Hundeschule.
https://hundskompetenzen.de/

„Tierliebe und Trauer – Trauerbegleitung für Tierbesitzer" (Vanessa Reif)

Einfühlsame und kompetente Unterstützung bei der Begleitung eines sterbenden Tieres, Vorbereitung auf den Abschied und Trauerbegleitung für Tierbesitzer. Vanessa hat auch ein umfangreiches Online-Kursangebot. Sie ist außerdem Betreiberin des Tierhospizes „Villa Anima".
https://tierliebe-und-trauer.de

„Ines Scheuer-Dinger – Coaching für (Jagd-)Hundehalter" (Ines Scheuer Dinger)

Menschen- und hundefreundliches Training mit einem umfangreichen Angebot an Online-Kursen und Webinaren. Ines ist seit mehr als 10 Jahren Hundetrainerin und als solche Expertin für jagdlich motivierte Hunde. Sie ist außerdem Waldpädagogin, Jägerin und Autorin mehrerer Fachbücher.
https://www.ines-scheuer-dinger.de/